과자의 원형을 찾아 떠나는

양과자 시간여행

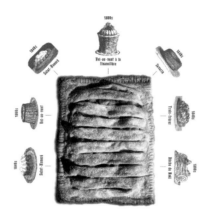

안내인 **나가오 켄지**

BnCworld

저자의 말

두말할 것도 없이 양과자는 유럽과 미국 문화의 일부입니다.

문화의 일부라 하면 그 배경에 각국의 역사와 그곳에 사는 사람들의 생활이 반드시 묻어나야 하겠지요.

이 책은 그러한 관점에서 유럽과 미국의 잘 알려진 과자의 내력을 살펴보고, 그 유래와 일화를—실제로 증명이 가능한 사실부터 근거가 모호한 전설에 이르기까지—자료를 토대로 계통적으로 써 모은 것입니다. 말하자면 시간과 공간을 자유롭게 여행하는 여행자로서 양과자 세계의 흥미로운 측면을 둘러보고 그 견문을 정리한 보고서라고 해도 좋을 것입니다.

전체는 15가지의 에피소드로 구성되어 있으며 각 에피소드에는 유명한 양과자의 이름이 제목으로 붙어있습니다만, 그 안에는 제목이 된 과자뿐만 아니라 그와 관련이 있는 다른 과자에 대해서도 언급하고 있습니다. 이에 따라 어떤 유명한 과자라도 그것이 독자적으로 만들어져 널리 알려진 것이 아니라 다른 다양한 과자와의 직접 또는 간접적인 영향으로 발전해 왔다는 점을 아시게 될 것입니다.

이 책의 집필에 관해서는, 되도록이면 학술적인 기술은 피하려 했으며 가능한 한 읽기 쉬운 문장이 되도록 신경을 썼습니다. 이는 제과·제빵 전문가뿐만 아니라 양과자에 관심이 있는 모든 분들이 즐겁게 읽어주기를 바랐기 때문입니다. 이를 위해 굳이 엄밀하게 자료 비판을 하지 않고, 내용의 정확성보다는 오히려 이야기를 풀어가는 재미를 우선시 했습니다. 간혹 저자의 억측이나 추측도 섞여있습니다. 만약 내용에 신빙성이 부족하다는 비판이 있다면 그 때문입니다. 단, 이 책에서 소개한 다양한 유래와 전설이 아무리 거짓말 같다 해도 저자가 마음대로 만들어낸 이야기는 아닙니다. 이는 모두 고전(原典)에서 나온 내용입니다.

책을 참고할 때는 다음과 같은 기본 원칙에 따랐습니다.

1. 반드시 1차 자료(인용이나 재인용 등이 아닌 오리지널 자료)에 한한다.
2. 저자의 독자적인 해석은 가능한 한 배제한다.
3. 책이 외국어인 경우에는 저자가 직접 번역하고, 번역이 불가능한 경우에는 사용하지 않는다.
4. 책에 여러 판이 있을 경우 저자가 입수해 확인한 판만을 이용하고 그 판의 발행 연도를 같이 기입한다.

각 에피소드의 서두에 소개하고 있는 고전문학을 봐도 알 수 있듯이, 이 책에 등장하는 과자는 전부 오래전부터 사람들의 주변에 있던 친근한 것들입니다. 평소에 아무렇지 않게 먹던 과자라도 그 배경에 얽힌 다양한 이야기를 알게 된다면 한층 깊은 맛을 느낄 수 있게 되지 않을까요.

이 책이 과자를 사랑하는 여러분의 상상력을 부풀리고 과자에 대한 애착을 키우는 데 일조한다면 저자로서는 더할 나위 없이 기쁠 것입니다.

마지막으로 이 책의 뿌리가 된 원고를 월간 〈파티시에〉에 연재하는 기회를 주신 비앤씨월드의 장상원 사장님 및 이 책의 편집 작업에 많은 노력을 쏟아주신 모든 에디터 분들께 진심으로 감사를 드립니다.

2016년 10월 나가오 켄지

목차

Episode 01

가토 데 루아

Gâteau des Rois

디저트로 가토 데 루아가 나왔다. 어찌 된 영문인지 이 집에서는
매년 어김없이 샹탈 씨가 왕으로 뽑혔다. 마치 약속이라도 한 듯
매년 샹탈 씨가 과자 속의 페브를 뽑았으며, 부인이 여왕으로
지명되었다. 그래서 내가 과자를 한입 가득 넣고 이가 빠질 정도로
딱딱한 것을 깨물었을 때는 정말로 놀랐다. 입에서 꺼내 보니,
그것은 콩알만 한 크기의 작은 도자기 인형이었다.
전원이 내 쪽을 쳐다봤다. 샹탈 씨가 손뼉을 치며 외쳤다.
"가스통이다. 가스통이 당첨됐어. 국왕만세! 국왕만세!"
모두가 일제히 합창했다. "국왕만세!" 나는 이유 없이 귓전을 붉히며
그 바보스러운 작은 인형을 손가락으로 집은 채 멍하니
그 자리에 앉아 있었다. 샹탈 씨가 더욱 큰 소리로 외쳤다.
"자, 여왕님을 뽑아야지!"

*

기 드 모파상 『마드모아젤 페를르』 중에서

에피파니(Epiphany)

서양 문화의 중심에 항상 확고하게 자리 잡고 있는 원리가 있다. 다름 아닌 기독교이다. 유럽 문화의 1년은 기독교의 제사를 축으로 돌고 있다고 해도 과언이 아니다. 당연한 얘기겠지만 과자도 기독교의 제사와 밀접하게 연관돼 있는 것이 많다.

수많은 기독교의 행사 중 그해 맨 처음 열리는 큰 행사는 에피파니(Epiphany)로, 이것은 1월 6일에 치러진다. 에피파니는 주현절, 또는 공현절이라고도 불리며 동방에서 온 3인의 박사가 그리스도의 탄생을 정식으로 세상에 알리고 그 신성(神性)을 명백히 한 날이다.

그런 에피파니에 유럽 전역에서 먹는 과자가 있다. 그 대표적인 과자가 바로 가토 데 루아이다. 프랑스어로 가토는 과자, 루아는 왕이라는 의미로서 '왕의 과자'라는 뜻이다. 본래 루아라는 단어는 그리스도의 탄생을 축복한 동방의 세 박사를 가리키는 말이었기 때문에 'Roi'에서 복수형인 'Rois'가 되었다. 그러나 후세의 사람들에게 그런 논리는 아무 상관이 없었다. 1월 6일은 그저 왕의 날이며 그날에 먹는 것이므로 왕의 과자인 것이다.

어찌 되었든 가토 데 루아라는 디저트를 둘러싼 즐겁고도 시끌벅적한 풍습이 시작되었다. 그 풍습이란 무엇일까? 사실 가토 데 루아에는 재미 있는 '꼼수'가 숨어있다. 왕관을 본뜬 링 형태의 과자 속에 먹을 수 없는 이물(異物)이 들어있는 것이다. 이것을 '페브(Fève)'라고 하는데 대개 도자기로 만든 작은 인형이다. 요즘에는 아이들을 위한 애니메이션 캐릭터, 자동차, 비행기, 우주선 모양을 한 것도 있다. 옛날 부잣집의 가토 데 루아에는 금화나 보석이 들어있는 경우도 있었다. 여기서 중요한 점은 가토 데 루아에는 한 개의 페브가 들어있다는 것이다.

브리오슈 모양의 페브

에피파니의 디너가 끝나면 디저트로 가토 데 루아가 나온다. 그것을 주최자가 모두의 눈앞에서 인원수대로 자르고 그 자리에서 전원에게 나누어준다. 당연히 나뉜 과자 중 하나에 페브가 들어있다. 그것도 단 한 개만. 그래서 누구나 기대를 품고 과자를 입에 넣는다.

모두가 기대하는 이유는 과자 속의 페브를 발견한 사람이 그 자리에서 왕이 될 권리를 갖기 때문이다. 즉 가토 데 루아는 왕을 정하기 위한 특별한 과자인 것이다. 물론 그날 하룻밤만의 게임 속 왕이지만 왕은 왕이다. 종이로 만든 왕관을 머리에 쓰고 의자에 떡 버티고 앉아 그날 밤의 주역을 맡는다. 그 자리에 있는 다른 사람들은 왕의 명령에 무조건 따라야 한다. 노래하라면 노래해야 하고 춤추라면 춰야 한다. 그리고 여왕을 지명하는 것도 왕에게 주어진 특권 중 하나이다. 동석한 여성 중 한 명을 선택하면 여왕님으로 만들 수 있다. 선택된 여성이 그것을 거부하는 것은 허락되지 않는다. 그래서 이것이 사랑의 줄다리기에 이용되는 경우도 자주 있다.

한편, 페브를 뽑은 사람이 여성인 경우에는 그 반대가 된다. 그 여성이 여왕이 되어 왕을 고를 권리를 얻는다. 여성이 본인 취향의 남성을 지명할 수 있는 기회는 빈번하게 있는 일이 아니므로 이것은 이것대로 사람들을 열중

하게 만드는 요인이 된다.

이 관습은 매우 오래된 것으로 기원전 고대 로마의 제사에서 유래되었다는 설이 있다. 원래부터 기독교의 독자적인 행사는 아니었다는 것이다. 따라서 가토 데 루아의 역사도 그것과 마찬가지로 오래되었다. 물론 처음부터 지금과 같은 형태의 가토 데 루아가 있었던 것은 아니며 시대의 변화와 함께 다양한 과자가 만들어졌다. 에피파니의 축하연을 화려하게 장식하는 디저트, 가토 데 루아. 이 디저트가 이렇게 긴 세월 동안 이어져 올 수 있었던 것은 하루라는 짧은 시간이긴 하지만, 왕이 되어보는 서민의 환상을 채워주는 풍습 덕분이 아닐까.

페브의 유래

가토 데 루아 속에 숨어있는 단 하나의 페브. 대체 이것에는 어떤 의미가 있는 것일까?

프랑스어로 페브는 누에콩을 말한다. 실제로 먼 옛날 가토 데 루아 속에 넣어 왕을 결정하는 제비의 역할을 한 것은 진짜 누에콩이었다. 그러나 왕의 날 과자 속에서 나오는 것이 누에콩이라니 너무 시시하다고 여겨졌다. 그래서 귀족이나 부르주아 등 부자들은 누에콩 대신 보란 듯이 금화, 귀금속, 보석 등을 넣었다. 그러나 가난한 서민들은 그렇게 할 수 없었기 때문에 작게나마 강보에 싸인 아기 예수 등을 본뜬, 설구운 작은 인형을 넣는 것으로 비싼 보석을 대신했다. 제과점에서 파는 가토 데루아에 도자기로 된 페브를 넣기 시작한 것은 1870년대 파리라고 한다.

하지만 이것만으로는 왕을 정하는 중요한 의식과 누에콩이 무슨 관계인지에 대한 설명으로 충분하지 않다. 시계 바늘을 조금 거꾸로 돌려보자.

때는 고대 로마시대. 농경의 신 사투르누스에게 공물을 바치는 사투르날리아라는 제사에는 연회가 따르기 마련이었다. 그 연회에서는 참석자 중 한 명을 왕으로 뽑는 풍습이 있었다. 왕은 선거로 선출되며 이때 투표에 사용된 것이 누에콩이었다. 이 관습을 기독교가 받아들였고 이것이 가토 데 루아의 페브로 이어져 왔다.

그리스도의 탄생을 축하하는 성탄절의 끝맺음이 되는 1월 6일 에피파니에 가토 데 루아(또는 그것과 비슷한 과자)를 먹고, 페브의 행방에 안절부절 못 하는 모습은 지금도 여전히 이어져 오고 있다. 이 시기가 되면 유럽 전역의 과자점 앞에 '왕의 과자'가 진열된다. 당연히 제과점 간의 경쟁이 치열해질 수밖에 없다. 과자 자체는 어디나 비슷할 수밖에 없으므로 다른 가게와의 차별화를 꾀하기 위해 유명한 가게에서는 오리지널 페브에 주력한다. 손님 또한 페브를 목적으로 과자를 사러 오는 경우가 많아 이제 페브의 종류는 천문학적인 숫자가 되었다. 게다가 그 방대한 수의 페브를 하나도 빠짐없이 모으려는 페브 마니아도 등장했다. 그들을 겨냥한 페브 관련 가이드북이 잇달아 출간되고 있으며 글자 그대로 콩알만 한 페브가 큰 시장을 형성하는 상황으로까지 발전하고 있다. 물론 여기에는 이미 에피파니 본래의 종교적인 의미는 찾아볼 수 없다.

갈레트

요즘도 왕의 과자는 유럽 전역에서 만들어지고 있으며 미국이나 일본에서도 많이 만들어지고 있는데 그중 가장 잘 알려진 것이 '갈레트 데 루아'이다. 그러나 갈레트 데 루아도 엄밀히 말하면 가토 데 루아의 변형된 형태 중 하나라고 할 수 있다. 하지만 가토 데 루아가 쿠론(왕관)이라고 불리는 링 형태의 브리오슈 계열 빵이라면 갈레트 데 루아는 얇은 원반 형태로 구운 푀이타주이다. 일반적으로 에피파니의 과자라고 했을 때 사람들이 떠올리는 것은 갈레트 데 루아일 것이다.

갈레트 데 루아의 역사도 나름 오래되었다. 그러나 현재와 같은 푀이타주를 사용한 갈레트가 된 것은 비교적 최근 몇 년 사이의 일이다. 원래 갈레트라는 것은 원반 형태로 구운 과자 전반을 가리키는 말이다. 1831년에

갈레트 데 루아

발표된 빅토르 위고의 『노트르담 드 파리』라는 소설 속에 '옥수수로 만들어 발효시킨 옥수수갈레트 이야기'라는 에피소드가 있다. 파리 시내의 돌감옥에 갇힌 늙은 여자에게 시주하기 위해 지방에서 올라 온 부인을 포함한 세 여성의 이야기이다. 부인이 어린 남자아이에게 들고 가게 한 것은 큰 갈레트였다. 제목에서도 알 수 있듯이 이 갈레트는 푀이타주가 아니라

일종의 빵이다. 오랜 옛날 갈레트 데 루아에 사용된 것도 아마 이런 갈레트였을 것이다.

19세기 중반에 간행된 프랑스의 출판물에서는 파리의 큰 길가에 갈레트를 파는 가게가 문을 열고 크게 번창했다는 칼럼을 볼 수 있다. 이 시대의 파리에는 이미 제과점이 많이 존재했으며 그중에는 고급 가게라고 불릴만한 격조 높은 제과점도 적지 않았다. 그런 와중에 새롭게 등장한 갈레트 가게는 작은 규모의 서민적인 분위기였으며 가게 앞에서만 갈레트를 판매하는 형태였다. 그러나 아침 일찍부터 한밤중까지 가게 앞에 기다리는 줄이 끊이지 않았고 막대한 매상을 올렸다고 한다.

이 가게의 이름은 짐나즈 드 라 갈레트. 짐나즈는 오늘날 실내체육관을 가리키는 말이지만 본래는 훈련장이라는 말로, 당시 파리의 본느 누벨 거리에는 '짐나즈 테아트르'라는 극장이 있었다. 이 극장은 파리의 배우 지망생들이 무대에 올라 실질적인 훈련을 하는 곳이었다. 이 극장에서는 매일같이 공연이 행해졌고, 그곳에 관람을 오는 많은 관객들을 대상으로 극장 옆에 짐나즈 드 라 갈레트를 만들었다. 이 가게에서는 파티시에가 큰 원반 모양으로 구운 갈레트를 작게 잘라 팔았다. 파티시에는 아침부터 밤까지 오직 갈레트를 자르는 작업에 전념했기 때문에 '항상 자르고 있는 사람(Monsieur couper toujours)'이라고 불렸다고 한다.

한편, 푀이타주 타입의 갈레트 데 루아는 18세기 이후에 주로 파리를 중심으로 한 지역에 퍼졌다. 여기에는 피티비에 푀이유테(단순히 피티비에라고 불리는 경우도 많다)의 보급이 영향을 끼쳤다고 알려져 있다.

19세기 프랑스의 서적에 게재된 '갈레트'라는 제목의 칼럼 삽화.
소박한 매장 앞에 고객이 군집한 것으로 보아 번성했다는 걸 알 수 있다.

피티비에는 파리에서 80km 정도 남쪽에 위치한 도시로, 피티비에 쀠이유 테는 이 마을의 대표적인 과자이다. 이 지방 과자의 기원은 피티비에 시의 공식홈페이지에도 쓰여 있듯이 '시간의 어둠 속에 묻혀버렸다'고 한다. 파리에 알려진 것은 1847년 잡지의 기사가 계기가 되었다는 것으로 볼 때 쀠이 타주를 사용한 현대적인 스타일의 갈레트 데 루아의 등장도 그 이후일 것이다. 이 갈레트에는 크렘 다망드가 가르니튀르(충전물)로 쓰이는데, 일설에 의하면 가르니튀르의 소재인 비터 아몬드(Bitter almond)의 관능적인 풍미가 사람들을 매료시킨 것도 인기의 비결이었다고 한다.

오늘날의 가토 데 루아는 푀이타주의 갈레트가 주류를 이루고 있는 것처럼 보인다.

그러나 최근에는 지방의 특색을 재평가하기 시작하면서 파리의 일류 제과점에서도 브리오슈 타입의 가토 데 루아를 가게 앞에 내놓는 경우도 드물지 않다. 이렇게 가토 데 루아 속의 페브를 둘러싼 풍습은 현재까지 이어져 오고 있다.

트웰프스 나이트(Twelfth Night)

기독교 행사인 에피파니는 프랑스뿐만 아니라 기독교를 국교로 하는 나라에서는 반드시 어떤 형태로든 경축한다. '왕의 과자'를 먹고 그 안에 숨겨진 누에콩으로 임금님을 선발하는 풍습도 각 나라와 지역에서 공통된 모습을 보인다.

17세기 플랑드르파 화가 야콥 요르단스는 이 행사를 테마로 한 수많은 작품을 남겼는데, 대부분 서민들의 공현절 식사 장면을 그린 것이다. 누에콩을 뽑아 그날 밤 왕이 된 사람과 일가족의 들뜬 정경이 생생하게 묘사되어 있으며, 그것으로 당시 공현절의 모습을 미루어 짐작할 수 있다.

영국에서는 공현절을 '트웰프스 데이(Twelfth Day)'라고 한다. 이는 1월 6일이 그리스도가 태어난 12월 25일로부터 열두 번째 날이기 때문이다. 그

빈 킹(Bean King). 야곱 요르단스 작(作), 1655년.

러나 영국에서 공현절의 디너와 대소동이 일어나는 것은 그 전날 밤이다. 그것을 '트웰프스 나이트(Twelfth Night)'라고 한다. 이 날은 '트웰프스 나이트 케이크(Twelfth Night Cake)', '왕의 케이크(King's Cake)'라 불리는 과자를 먹고 술을 마시고 노래를 부르고 춤을 추는 등 흥겹게 떠들어댄다. 아무리 지나친 행동을 하고 경거망동을 해도 이날 밤만은 관대하게 봐준다. 물론 과자에는 콩[지금은 자질구레한 장신구(trinket)]이 숨겨져 있으며 그것을 둘러싼 소동도 프랑스와 마찬가지이다.

트웰프스 나이트는 영국 사람들에게 가장 친숙하고 전통적인 종교행사

쉐이크샤프트 농장의 헛간에서 벌어진 트웰프스 나이트의 전경.
1850년 영국의 판화.

로서 지금도 각지에서 그 지역의 규정에 따라 의식이 행해진다. 중세 시대부
터 연면히 이어지고 있는 이 의식은 격식을 차린다기보다는 어디까지나 그
날 밤의 소동을 더욱 화려하게 장식하기 위한 연출이다. 예를 들면 참가자
는 제 나름대로 가장을 하고 행렬을 만들면서 연회장으로 들어간다. 왕의
케이크로 그날 밤의 왕(bean king)과 여왕(pea queen)이 뽑히면 축배를 들
고 드디어 축하연이 시작된다. 마마라는 배우들이 선과 악의 대결을 테마
로 한 촌극을 공연하고, 한쪽에서는 풍년을 기원하는 댄스를 추는가 하면
다른 쪽에서는 게임이 시작되는 식이다. 그러는 가운데 취기가 돌기 시작

하면 위아래도 구별하지 못하는, 야단법석을 떠는 상황이 벌어지는 것이다.

재미있는 것은 프랑스와 달리 영국의 트웰프스 나이트 케이크는 똑같은 것이 반드시 두 개 준비되어야 한다. 한 개는 왕을 뽑기 위한 과자로 이것은 남성이 먹고 나머지 한 개는 여왕을 뽑기 위한 것으로 여성에게만 나눠준다. 이렇게 함으로써 쓸데없는 탐색이나 질투 등을 배제하는 것이다. 하지만 이런 영국의 방식은 사람들에게 왕과 왕비가 서로의 파트너를 선택할 때의 두근거림과 스릴을 빼앗는 것은 아닐까?

규율을 중요시하는 영국식과 자유를 사랑하는 프랑스식. 여러분이라면 어느 쪽을 택하겠는가?

Episode 02

크레프

Crêpe

어느 선량한 어머니가 결혼식에 참석하기 위해 며칠간 집을 비우게 되었다.
딸을 혼자 두는 것이 걱정된 어머니는 사촌 여동생에게 자신의 딸과 함께
있어줄 것을 부탁했다. 어머니가 나가자 사촌여동생이 말했다.
"뭐 먹을까?", "크레프 먹고 싶어."
그들은 크레프를 만들기 시작했고 잘 구워진 크레프를 난로 구석에
놓아두었다. 그러나 침대 밑에는 강도가 숨어 있었다. 그 남자는
여자애들에게 들키지 않도록 몰래 손을 뻗어서 크레프를 먹어버렸다.
이윽고 크레프가 없어진 걸 알아차린 두 사람은
틀림없이 고양이가 한 짓일 거라고 믿었다.
"미운 고양이 같으니라고! 우리보다 먼저 먹어 치우다니!"
두 사람은 고양이를 내쫓으려고 가까이에 무기가 될 만한 게 없는지
찾아보았다. 사촌여동생은 장작을 꺼내려고 침대 밑을 들여다보았다.
그런데 거기에 사람의 발이 있는 게 아닌가!
사촌은 그 사실을 도저히 입 밖에 낼 수가 없었다.
그저 속이 안 좋다고 하고 집으로 돌아갔다.

*

폴 세비요(Paul Sebillot)
『오트 브레타뉴의 민화』 중에서

세계에서 가장 유명한 디저트

디저트는 두말할 필요도 없이 식사의 마지막에 나오는 과자나 과일을 말한다. 프랑스 요리 코스에서는 치즈가 디저트의 범주에 포함되는 경우도 있지만, 기본적으로 '디저트는 달다'는 것이 일반적인 통념이다.

디저트, 프랑스풍으로 말하면 데세르(dessert)는 어원적으로 보면 옛날부터 디너의 마지막을 장식하는 메뉴였음에 틀림없다. dessert의 어원인 중세 프랑스어 desservir의 본래 의미가 '대접한 것(servir)을 치운다(des-)'란 뜻이기 때문이다. 즉 '식탁을 깨끗하게 정리하는 것'이 디저트인 것이다.

어찌 되었든 디저트 없이는 식탁이 정리되지 않는다는 뜻이니 디너에는 디저트가 빠질 수 없다. 이 말은 세상에 디너의 수만큼 많은 디저트가 존재한다는 의미이기도 하다. 잘 알려진 고전적인 디저트부터 최신 소재와 기술을 사용한 신기한 디저트까지, 또 흔한 정통 디저트부터 색다른 요소를 가미한 의외의 디저트까지…, 별의 수만큼이나 다양한 디저트가 매일매일 호텔과 레스토랑 등 곳곳에서 디너의 피날레를 화려하게 장식하고 있다.

그렇다면 여기서 질문 하나. 이 방대한 종류의 디저트 중에서 가장 유명한 디저트는 무엇일까? 그 정답은 '크레프 쉬제트'이다. 프랑스인, 한국인, 일본인은 어떤지 모르겠지만, 적어도 미국인이라면 틀림없이 그렇게 대답할 것이다. 아마 영국에서도 그렇게 대답할 사람이 많을 것이다. 지극히 단순한 팬케이크인 크레프를 네 겹으로 접어, 오렌지 소스에 흠뻑 적셨을 뿐인 이 디저트가 유난히 미국에서 사랑받는 이유는 무엇일까?

그 답은 여러 가지로 추정해 볼 수 있으나 가장 큰 요소는 역시 그 서비스 방법이라고 생각한다. 크레프 쉬제트의 서비스 방법은 레스토랑마다 다양하지만, 기본적으로는 다음과 같은 순서로 행해진다.

우선 서비스하는 테이블 근처의 조명을 어둡게 한다. 다음으로 옷차림을 갖춘 웨이터가 손수레에 실은 크레프를 테이블로 옮겨온다. 손수레에는 오렌지 리큐어가 담긴 작은 포트도 실려 있는데, 리큐어는 미리 충분히 데워져 있다. 웨이터가 포트의 리큐어에 불을 붙인다. 흔들흔들 불꽃이 타오르는 포트를 든 웨이터는 테이블 위의 크레프에 천천히 리큐어를 붓는다. 불꽃이 포트에서 크레프로 흐르듯이 옮겨가고, 곧 크레프 전체가 환상적인 불꽃에 휩싸인다.

이렇듯 호화스러운 연출이 눈앞에서 펼쳐지면 특히 여성 고객은 넋을 잃고 바라보게 된다.

이런 화려한 볼거리는 아무리 봐도 '아메리칸 드림'의 나라에 사는 부자들이 좋아할 만한 연출법이다.

그리고 또 한 가지, 크레프 쉬제트가 미국에 널리 알려진 이유가 있는데 이 디저트의 탄생설과 관련이 있다. 사실 크레프 쉬제트의 창시자에 관해서는 여러 가지 설이 있는데, 그중 가장 잘 알려져 있고 신빙성이 있는 것이 앙리 샤르팡티에 설이다.

크레프 쉬제트

앙리 샤르팡티에는 1880년 니스에서 태어난 프랑스 셰프이다. 그는 유럽 각지에서 견습 교육을 마친 후 1905년에 미국으로 건너가 프랑스 요리 셰프로서 활약했으며, 1961년에 사망할 때까지 미국을 떠나지 않았다. 그런데 그가 미국에 가기 전인 1800년대 후반에 몬테카를로의 카페 드 파리에서 일을 배우던 중 우연히 크레프 쉬제트를 만들었다는 것이다. 그 탄생의 경위에 관해서는 앙리 본인이 회고록을 통해 상세히 기술하고 있다. 앙리가 웨일즈 황태자(영국 왕 에드워드 7세)를 위해 아침 식사의 디저트를 준비했을 때의 일이다.

"보온냄비 앞에서 일하고 있을 때, 우연히 풍미를 내기 위해 사용한 알코올에 불이 옮겨 붙었다. 나는 디저트가 엉망이 되었다고 생각했다. 황태자와 그 일행들은 숨을 죽이며 나를 지켜보았다. 어떻게 대처해야 좋을까? 우선 맛을 한번 보았다. 그런데 그것은 지금까지 맛보지 못한 훌륭한 멜로디를 연주하고 있었다. (···) 황태자는 포크로 크레프를 먹고, 남은 시럽을 스푼으로 맛보았다. 그리고 이렇게 맛있는 디저트의 이름이 무엇이냐고 나에게 물었다. 나는 '크레프 프린세스라는 이름은 어떠신지요?' 라고 대답했다. (···) 그러나 장난기가 발동한 황태자는 그것에 반대하며 동석한 여성을 가리켰다. (···) '크레프 프린세스가 아니라 크레프 쉬제트라 하면 어떻겠는가?' 이렇게 해서 과자는 탄생했고 세례를 받았다."

탄생 비화의 전형과도 같은 이야기이다. 이러한 이야기는 일반 대중이 받아들이기 쉽고 퍼지는 속도도 빠르다. 게다가 이것을 쓴 사람이 해당 디저트를 만들어 낸 본인이라면 정설로 인정하는 데 어떠한 반론도 없을 것이다.

(좌)크레프를 굽는 여자. 렘브란트 작. 1635년.
(우)크레프를 집는 여자. 얀 반 베일레르트 작. 1630년경

　그러나 이 설에는 이론(異論)도 적지 않다. 그 근거로 가장 먼저 거론되는 것이 황태자에게 디저트를 제공했을 당시 그의 연령이다. 앙리는 회고록에서 그것이 16세 때의 일이라고 적고 있다. 또 그 일이 1895년의 사건이라고 하는 자료도 많은데, 이것을 토대로 한다면 이때 앙리는 겨우 14살이나 15살로, 어느 쪽이든 아직 견습 파티시에에 불과했을 터이다. 일류 레스토랑으로 명성이 높았던 카페 드 파리에서 영국 황태자와 같은 높은 신분의 손

님 곁에 서서 직접 디저트를 만든 것이 견습 파티시에였다는 건 아무리 생각해도 있을 수 없는 일이다. 왜 우두머리 웨이터나 급사장 등 지위가 높은 사람이 그 일에 임하지 않았던 걸까. 유감스럽게도 이 의문에 앙리 샤르팡티에는 누구나 납득할 만한 답을 주지 않는다.

만약 이 이론이 맞고 앙리 샤르팡티에의 설이 틀린 거라면, 회고록에 크레프 쉬제트의 창시자가 자신이라고 쓴 앙리는 턱없는 거짓말쟁이가 되어 버린다. 미국에서 셰프로서 공을 세우고 록펠러 가의 조리장으로 근무하는 등 세계적으로 유명한 셰프가 실은 요리만 잘하는 허풍쟁이에 불과했다는 것이 과연 있을 수 있는 일일까?

지금은 당시의 상황을 아는 이가 아무도 없으니, 사건의 진상은 알 길이 없다. 단, 이것만은 앙리의 명예를 위해 말해둔다. 크레프 쉬제트를 화려한 디저트로 미국의 식탁에 소개하고, 가장 인기 있는 디저트라는 얘기를 들을 때까지 보급한 것은 틀림없이 앙리 샤르팡티에의 공적이다.

스스로 크레프 쉬제트의 창시자임을 자처한 앙리는 미국으로 건너간 후 기회가 있을 때마다 이 디저트를 선보였고 전도사로서 활발히 활동했다. 크레프 쉬제트가 프랑스가 아닌 미국에서 유명해진 이유 중 하나도 여기에 있다.

그러나 미국에서의 성공과 크레프 쉬제트 창시자로서의 그의 명성은 어떤 의미에서 '양날의 검'이었다. 그에 대한 평가에 있어 미국과 프랑스 사이에는 큰 차이가 있었기 때문이다. 그에게 열광했던 미국과 달리 모국인 프랑스에서는 냉담한 반응을 보였다. 앙리의 회고록에 적힌 크레프 쉬제트 탄생비화에 대한 부정적인 견해가 『라루스 소사전(Le Petit Larousse)』과 같은 프랑스 자료에서 많이 보이는 것도 필시 우연만은 아닐 것이다.

크레프로 행운을 점치는 풍속

크레프 쉬제트의 역사는 그리 오래되지 않았다. 그러나 크레프, 그 얇은 원반형 음식의 역사는 아득한 먼 옛날부터 시작되었다. 크레프는 밀가루와 물을 주성분으로 하는, 지극히 단순한 조리법으로 만들어진다. 가공식품으로서 가장 원시적인 형태라 할 수 있는 이 음식의 기원은 아마도 밀가루의 기원만큼이나 오래된 것이 틀림없다.

기록에 남아 있는 가장 오래된 크레프의 제법은 『메나지에 드 파리』에 나온다. 『메나지에 드 파리』는 14세기 말에 출판된 가사 지도서로, 당시의 요리나 식재료에 대한 기술이 풍부하며 레시피도 많이 소개되어 있다. 그중에 크레프 만드는 법도 포함되어 있는데, 밀가루와 달걀, 물, 소금, 와인을 섞어 버터를 바른 철판에서 굽는다는 설명으로 보아 현재의 제법과 거의 유사하다는 것을 알 수 있다. 재미있는 것은 크레프를 굽는 철판에 관해서도 상세하게 그 사용 방법이 적혀 있다는 것이다. 이것도 현재 가레티엘, 가레트로와, 클레피엘이라고 불리는 크레프 전용 철판 그대로이다. 따라서 크레프는 무척 오래된 음식이며 몇 백 년의 시간에 걸쳐 그 제법과 형태가 거의 변화하지 않았음을 알 수 있다.

한편, 오래된 것에는 독자적인 풍습이 생기기 마련이다. 크레프도 역시 예외가 아니다. 크레프는 다양한 곳에서 그 지역 특유의 풍습과 함께 시간의 흐름을 새겨온 '풍습의 보고'라고 할 수 있다. 예를 들어 옛날 브르타뉴 지방의 우에산섬에는 이런 풍습이 있었다.

젊은 남자가 여자의 집에 결혼 승낙을 받으러 갈 때 여자는 크레프를 구워 찬장 속에 넣고 열쇠로 잠가둔다. 남자는 여자의 아버지에게 결혼을 허락해 달라고 요청한다. 이때 여자의 어머니가 찬장을 열고 크레프를 식탁에 내놓으면, 결혼을 허락한다는 뜻으로 온 가족이 모여 축하연회를 벌인다. 만약 찬장의 열쇠가 그대로 채워져 있다면 여자의 부모가 허락하지 않는다는 뜻으로 두 남녀는 결혼을 단념할 수밖에 없다.

또한, 브르타뉴의 다른 지역에서는 갓 결혼한 며느리가 시집가서 처음으로 구운 크레프를 시댁의 찬장 맨 위에 던져 얹는 관습이 있다고 한다. 이렇게 함으로써 시댁의 선조를 숭배하고 가문의 번영을 비는 것이다. 이러한 관습은 중세 이후 그리스도교의 행사와 결합되면서 더욱 뚜렷해진다.

그리스도교의 제사 가운데 2월 2일은 '성촉절'이다. 이것은 그리스도가 태어난 지 40일째 되는 날로, 성모 마리아가 그리스도와 함께 사원을 방문하여 정결 예식을 치른 날이다. 이날은 일명 샹들뢰르(Chandeleur), 영어로는 캔들머스(Candlemas)라고 불리며 수많은 촛불을 밝혀 기도를 올린다. 이 프랑스의 샹들뢰르에 빠지지 않는 것이 크레프다. 이날 왜 크레프를 먹기 시작했는지 알 수 없으나 일설에 따르면 크레프의 모양이 성스러운 광륜(후광)을 연상시키고 초의 밝은 불꽃을 상징하기 때문이란다. 그 이유야 어찌 되었든 샹들뢰르는 크레프의 날로 여겨지며, 지금도 프랑스나 벨기에의 가정에서는 2월 2일 밤이 되면 집 안에 촛불을 밝히고 크레프를 먹는다.

상들뢰르에 먹는 크레프는 옛날부터 각지에 전해오는 여러 가지 풍습이나 미신이 있는데, 대부분 가족의 번영이나 농작물의 풍작과 연관되어 있다는 공통점이 있다. 이것이 성모 마리아의 정화와 무슨 관련이 있는지 의아해 할 사람도 있을 터인데, 사실 그 둘 사이에는 아무런 관련이 없다. 그리스도교는 포교 과정에서 각지에 뿌리를 내리고 있던 토착신앙과 타협하기 위해 그 신앙에 바탕을 둔 풍습을 적극적으로 받아들였는데 크레프와 관련된 관습도 토착신앙일 뿐 그리스도교와 관련된 의식은 아니었던 것이다.

2월에서 3월에 걸친 계절은 겨울과 봄에 해당한다. 동물들은 긴 동면에서 깨어나 둥지 밖으로 모습을 드러내고, 옛날 농민들은 그것을 통해 봄이 찾아오는 것을 예감했다. 미국과 캐나다에서 2월 2일은 그라운드호그 데이(Groundhog Day)라고 불린다. 유럽에서는 예부터 그라운드호그가 2월 2일 둥지에서 기어 나왔을 때 날이 맑으면 지면에 비친 자신의 그림자에 놀라 둥지로 돌아가버린다는 구전이 있다. 그라운드호그가 다시 둥지로 돌아가 동면하는 모습을 보고 사람들은 봄이 오려면 조금 더 기다려야 한다고 생각했다.

그라운드호그 데이와 샹들뢰르의 크레프 미신 사이에는 바로 농사라는 공통점이 있다. 두 날 모두 봄의 도래와 함께 번영을 점치는 데 기준이 되기 때문이다. 샹들뢰르와 크레프에 관해 구전되는 이야기를 몇 가지 더 소개할까 한다.

• 샹들뢰르에 구운 첫 크레프를 찬장에 넣어두면 그해에는 풍년이 든다.

- 샹들뢰르에 구운 첫 크레프를 찬장 꼭대기에 얹어두고 크레프에 곰팡이가 피지 않으면 고난과 빈곤이 오지 않는다.
- 샹들뢰르에는 농부가 재배하는 밀이 벌레 먹지 않기를 바라며 온 가족이 모여 크레프를 먹는다.
- 샹들뢰르에 크레프를 먹은 사람은 그해에 금전적인 곤란을 겪지 않는다.
- 샹들뢰르에 암탉에게 크레프를 먹이면 달걀을 많이 낳는다.

이외에도 더 많은 구전 설화가 남아있지만 이것만으로도 샹들뢰르의 크레프에 깃든 풍작과 번영을 향한 염원이 전해졌으리라 믿는다.

이러한 풍속은 현대의 프랑스에도 뿌리 깊게 남아있으며 2월 2일에는 프랑스 전체가 크레프 천지가 된다. 하지만 현재 샹들뢰르의 크레프는 과거와 다르게 일종의 오락, 일상생활을 즐기기 위한 게임으로 변모했다. 하지만 여전히 많은 프랑스인이 샹들뢰르에 옛날 풍습대로 크레프를 굽고 그 결과에 일희일비한다.

크레프를 굽는 옛날 풍습을 소개하자면, 프라이팬에 크레프 반죽을 얇게 펴 굽기 시작한다. 반죽 표면에 부글부글 거품이 일기 시작하면 뒤집어서 반대쪽 면을 굽는데 이때 해야만 하는 일이 있다. 오른손에 금화를 쥐고, 왼손으로 프라이팬 손잡이를 잡고선 크레프를 공중으로 내던져 한 번 회전시키는 것이다. 던진 크레프를 프라이팬으로 잘 받아내면 그해 하는 일은 모두 잘 풀리고, 못 받아서 크레프를 바닥에 떨어뜨리면 그 반대의 결과가 된다.

이 풍습을 소재로 한 재미있는 일화가 있다. 1812년 2월 2일의 일이다. 나폴레옹 황제는 미신을 믿는 성격이 아니었으나, 호기심이 발동해 관습에 따라 크레프를 구워 보기로 마음먹는다. 측근인 네이장군이 지켜보는 가운데, 나폴레옹은 왼손에는 프라이팬을 들고 오른손에는 자신의 초상이 각인된 금화를 움켜쥐고 크레프를 굽기 시작했다. 마침내 뒤집을 순서가 되었고 익숙하지 않은 손놀림으로 프라이팬을 움직였다. 성공! 기분이 좋아진 나폴레옹은 계속해서 크레프를 구웠다. 두 번째 성공. 세 번째 성공. 네 번째 이것 또한 성공. 그러나 다섯 번째 크레프는 무정하게도 나폴레옹이 내민 프라이팬을 빗나가 바닥에 떨어져 버렸다. 그 후 나폴레옹은 그해 전쟁에서 연전연승하고 기세등등해져, 마침내 러시아를 공략하고자 모스크바를 향해 진격했다. 그러나 적은 러시아군만이 아니었다. 극한의 눈보라가 나폴레옹군의 발목을 붙잡았다. 행군 도중 추위에 쓰러지는 병사의 수가 많아 결국 나폴레옹은 퇴각을 결단할 수밖에 없었다. 첫 번째 패전, 그것도 대참패였다. 얼어붙은 러시아의 대지를 멀리 바라보면서 몹시 초췌해진 나폴레옹은 곁에 있던 네이장군을 향해 멍하니 중얼거렸다. "이것이 내 다섯 번째 크레프로군."

와플도 팬케이크

크레프는 프라이팬처럼 평평한 철판 위에서 굽기 때문에 영국에서는 팬

헛간의 농부들. 피테르 아르트센 작. 1560년경.
고해의 화요일을 테마로 한 농민들의 연회 풍경. 오른쪽 테이블 옆 받침대 위에 놓여진
네모난 종이와 같은 것이 와플. 왼쪽 난로 앞에 앉아 있는 소년의 머리에는 종이로 만든
왕관 같은 것이 씌어져 있으며 에피파니 풍습과의 공통성을 짐작할 수 있다.

케이크라고 한다. 팬케이크는 크레프뿐만 아니라 철판을 이용해서 반죽을 굽는 과자 대부분을 말한다. 영국에서는 크럼핏이나 파이클릿 등 잘 알려진 팬케이크가 있는데, 와플도 그중 하나이다. 다만 와플을 굽는 철판은 평평하지 않고 그물코 모양이 들어가 있다. 어원적으로는 웨하스나 고프르와 같으므로 이것 또한 매우 오래전부터 존재한 음식임을 알 수 있다.

와플에 대해서도 다양한 에피소드가 있지만, 여기에서는 샹들뢰르의 크레프에 관련해서만 간단히 소개하겠다. 그리스도교의 달력에 '고해의 화요일'이라는 날이 있다. 이것은 사순절 전날에 해당하며 영국 등에서는 '팬케

이크의 날'이라고도 불린다. 왜 나면 이날 모두 모여 '슈로브 케이크(Shrove cake)'라는 팬케이크를 먹기 때문이다. 이 모습이 샹들뢰르의 크레프를 연상시키지만, 그와는 내력이 약간 다르다. 고해의 화요일에 팬케이크를 먹는 관습은 11세기경에 시작되었는데, 이날은 사순절이 시작되기 전날이며 사육제의 마지막 날이기도 하다. 사순절 기간 동안 사람들은 엄격한 단식을 강요받는다.

사육제와 사순절의 싸움. 피테르 브뤼헐 작 1559년. 화면 위쪽에 와플을 굽는 여자가 있다.

첫 번째 날은 '재의 수요일'이라 부르는 데 앞으로 시작될 길고 고통스러운 절제 기간에 대한 체념과 애달픈 심정이 반영되었기 때문이다. 따라서 그 전날인 화요일은 고기, 버터, 우유로 만든 기름진 음식을 마음껏 먹을 수 있는 마지막 날이 된다. 사람들은 사순절이 시작되기 전인 화요일에 기름진 음식의 상징으로서, 버터와 우유가 듬뿍 들어간 팬케이크를 구워 먹게 되었다.

옛날의 유럽, 특히 플랑드르 지방에서는 팬케이크 대신 와플이 사용되는 경우가 많았다. 피테르 브뤼헐의 유명한 그림 『사육제와 사순절의 싸움』

을 잘 보면, 화면 중앙 왼쪽에 와플을 굽고 있는 여자의 모습이 그려져 있다. 같은 플랑드르 화가인 피테르 아르트센에게도 '고해의 화요일'을 테마로 한 작품이 있으며 여기에도 역시 와플이 그려져 있다.

팬케이크의 날에는 학교 등에서 팬케이크 경쟁이 치러진다. 주자는 팬케이크를 넣은 프라이팬을 든 채로 달리며, 다음 주자에게 넘겨줄 때 팬케이크를 프라이팬에서 프라이팬으로 토스하는 독특한 경기다. 이 경기의 기원은 1444년 영국 올니에서 팬케이크를 굽던 한 주부가 고해를 권유하는 교회의 종소리에 당황하여 굽고 있던 프라이팬을 든 채 달려간 것에서 시작되었다는 설이 있다. 이것도 흔히 있는 속설 중 하나라고 할 수 있다.

덧붙여 프랑스에서 '고해의 화요일'은 '살찌는 화요일(Mardi gras)'이라 불리며 옛날에는 아무런 거리낌 없이 폭음폭식을 하는 날이었다. 이 관습은 이윽고 북미대륙의 뉴올리언스 등 프랑스의 식민지였던 지역에 반입되었다. 지금은 종교 색이 전혀 없는 화려한 퍼레이드와 이벤트로 전 세계의 관광객을 끌어모으는 이벤트가 되었고 그 날짜도 매해 바뀐다. 그리스도 교도이든 아니든 와플을 먹으며 옛 풍습을 떠올리는 것도 또 다른 즐거움이 아닐까.

애플파이

Apple Pie

그것은 설탕이 설탕의 성질을 포기하고 버터가 버터임을 그만두고
다양한 향의 향신료가 자진해서 그 본성을 소멸시킨 끝에
완성되는 영광스러운 결합물이며, 각각의 소재가 죽음을 통해
'애플파이'라는 새로운 생명으로 승화된 것이다!
사과 또한 이미 사과가 아니다! 그것도 역시 형체를 바꾼다.
그렇게 해서 완성된 파이는 사과와 설탕, 버터, 넛메그, 시나몬, 레몬에서
탄생한 것임에도 불구하고, 그 어느 것과도 닮지 않았으며
그 모든 것들이 이상적으로 조합되고 연마되고 순화되고,
그리고 불을 통해 조리된 더 없는 행복의 완벽함이다.

*

H.W. 비처, 「애플파이」 중에서

애플파이는 미국인의 혼(魂)?

　미국인은 정말이지 이상한 사람들이다. 뭐든 미국이 일등이 아니면 직성이 풀리지 않는 모양이다. 예를 들면 '뉴욕 치즈케이크'라는 게 있는데, 미국인이라면 누구나 망설임 없이 이것이야말로 세계에서 가장 맛있는 치즈케이크라고 주장한다. 그뿐만이 아니라 뉴욕 치즈케이크는 세계에서 최초로 만들어진 치즈케이크라고 완강하게 우겨댄다. 물론 그것은 옳지 않은 주장이다. 뉴욕 치즈케이크가 디저트계에 데뷔한 것은 1929년, 지금으로부터 약 80년 전의 일에 불과하다. 게다가 이것은 원래 이탈리아에서 리코타 치즈를 이용해 만드는 과자를, 이탈리아계 이민자인 아놀드 루벤이 응용해 자신이 경영하는 뉴욕의 레스토랑에서 제공한 것이 그 시초이다. 즉 그 뿌리는 이탈리아라는 말이다. 이 정도로 확실한 태생의 근거가 있음에도 불굴의 정신으로 무장한 미국인들은 결코 기가 꺾이지 않으며 여전히 치즈케이크가 미국의 것이라고 주장한다. "아마 뉴욕 치즈케이크 전에도 치즈케이크라고 불릴 만한 것이 있었을지 모르겠어. 하지만 그건 진짜 치즈케이크

가 아니지."라고 말하면서. 이런 비슷한 예는 그 밖에도 얼마든지 있다. 요컨대 애플파이도 그 전형적인 예다. 대부분의 미국인이 애플

파이야말로 '미국인의, 미국인에 의한, 미국인을 위한 과자'라고 굳게 믿고 있다. 많은 미국인에게 애플파이는 말하자면 '마음의 고향'과도 같은 '영혼의 과자'이다.

19세기 미국의 유명한 시인인 유진 필드의 『애플파이와 치즈』라는 작품 속에는 이런 구절도 있다.

나의 아내 줄리아가 만들어 준 파이는
기억의 톱니바퀴를 돌리고
그 그리운 그린 마운틴의 날들로 데려가준다.
그곳에는 창가에 몸을 기대고 있는 엄마가 있고
나와 남동생이 계속 얌전하게 있을 수 있도록
파이를 건네준다.
그 추억이 너무나 아름다워서
나는 이렇게 말한다.
"줄리아, 괜찮으면 한 접시 더 주겠어?
그 애플파이와 치즈를"

애플파이는 미국에서 엄마가 아이들을 위해 직접 만들어주는 가정의 맛이다. 각 가정에는 각각의 애플파이가 있으며 맛도 미묘하게 다르다. 미국인에게 애플파이는 어린 시절의 따뜻한 기억을 추억하게 하는 과자인 것이다. 미국에는 '애플파이만큼 미국적(as american as apple pie)'이란 표현이 있으며, 제2차 세계대전 중 보도기자가 군무원인 남성과 여성들에게 '무엇을 위해 싸우는가?'라고 물으면 '엄마와 애플파이를 위해(for mom and apple pie)'라고 대답하도록 상층부가 지시했다고 했을 정도이다. 이것은 후세에 만들어낸 이야기일지도 모르지만, 이런 얘기가 진짜같이 전해질 정도로 미국인과 애플파이는 정신적으로 강하게 연결되어 있다.

미국에서 5월 13일은 '애플파이의 날'이다. 이날은 버젓한 국가 경축일이다. 거짓말처럼 느껴진다면 'National Apple Pie Day'라는 키워드로 인터넷 검색을 해 봐도 좋다. 검색 결과가 엄청나게 많을 것이다. 그런데 이 말을 듣고 애플파이에 대한 미국인의 사랑이 대단하다고 감탄하는 것은 너무 앞서간 것이다. 왜냐하면 미국인들은 기본적으로 축제와 농담을 좋아하기 때문이다. 미합중국의 경축일은 공식적으로 독립기념일과 추수감사절 등 1년에 10일 정도인데, 그 외에도 헤아릴 수 없이 많은 경축일이 있다. 예를 들어 '푸드 홀리데이'라고 칭해 다양한 음식과 관련된 경축일이 제정되어 있으며, 1월 2일 '슈크림의 날'을 시작으로 12월 30일 '탄산소다의 날'에 이르기까지 1년간 거의 매일 경축일이 이어진다.

게다가 그 근거라는 것도 참으로 애매하다. 그래서 5월 13일은 확실히 애플파이의 날이지만 왜 애플파이의 날이 5월 13일인지 그 이유를 합리적으로 설명할 수 있는 사람은 어디에도 없다. 그럼에도 불구하고 5월 13일이 되면 당연하다는 듯이 미국 전역이 애플파이로 고조된다. 참으로 불가사의하다고 밖에는 표현할 방법이 없다.

애플파이의 고향

　애국심이 투철한 미국인들이 아무리 주장한다 해도, 유감스럽지만 애플파이는 미국에서 만들어진 것이 아니다. 사과는 구약성서의 아담과 이브 얘기를 꺼낼 필요도 없이, 고대부터 사람들에게 친숙한 과일이다. 사과를 재료로 만든 과자 또한 옛날부터 전 세계 각지에서 만들어져 왔다. 그리고 그것을 파이 형태로 만든 것은 영국인들이다.

　영국 문헌에서 애플파이가 발견되는 가장 오래된 기록은 1381년 제프리 초서의 『캔터베리 이야기』로 거슬러 올라가며 다양한 자료가 이를 분명히 뒷받침하고 있다. 그러나 이상하게도 『캔터베리 이야기』의 어디를 찾아봐도 애플파이에 관한 레시피는 눈에 띄지 않는다. 이것 또한 수많은 과자의 기원설 중 하나일 뿐이다.

　확증된 애플파이의 레시피가 적힌 가장 오래된 문헌이라고 말할 수 있는 것은 『캔터베리 이야기』와 거의 동시대에 나온 요리해설서인 『폼 오브 퀴리(Forme of Cury)』이다. 여기에 'For to make Tartys in Applis'라고 제목 붙여진 애플파이 레시피가 기재되어 있다. "양질의 사과와 양질의 향신료, 무화과, 건포도, 배를 이용해 사프란으로 예쁘게 색을 입힌 다음, 파이 케이스에 채우고 충분히 굽는다." 여기에서 재미있는 것은 파이 케이스에 해당하는 단어가 'cofyn'으로 되어 있다는 것인데, 'cofyn'은 'coffin'의 고어, 즉 관(棺)이라는 의미이다. 절묘한 표현이랄까? 옛날 사람들의 말재주에는 정말이지 감탄하지 않을 수 없다.

　여기에 애플파이는 아직 중세의 흔적이 강하게 남아있다. 그 이후 200년 정도 지난 1590년 극작가 로버트 그린이 쓴 『아케이디아(Arcadia)』라는 작품 속에서는 "그대가 내쉬는 숨은 애플파이에서 피어오르는 수증기 같도다."라는 대사가 나온다. 이 무렵에는 현재와 거의 흡사한 애플파이가 완성되었다. 그 시대의 애플파이는 왕이나 귀족을 위해 궁정 요리사가 만드는 것이 아니라, 어디까지나 가정요리에 속하는 서민 음식이었다. 영국에는 예부터 애플파이와 함께 치즈를 먹는 전통이 있다. 앞서 말한 유진 필드의 시도 그러한 영국의 풍습을 이어받은 미국 가정의 풍경을 그린 것으로, 이를 떠올리면서 읽으면 한층 더 정취가 깊어질 것이다.

애플파이가 영국 서민의 삶과 밀착된 음식이었다는 것을 나타내는 사례

A. Apple Pie

를 한 가지 소개하겠다. '꽃말'을 처음 소개한 것으로 알려진 영국의 그림책 작가 케이트 그리너웨이의 1886년 저서 중 『애플파이』라는 책이 있다. 이것은 아크로스틱(acrostic)이라는, 영어의 라임(각운)을 이용한 동요(nursery rhyme)를 그림책으로 만든 것이다. 이 그림책은 A부터 Z까지의 알파벳을 유아에게 쉽게 가르치기 위해 쓰여졌다. 'A, APPLE PIE'부터 시작해, 'B, BITE IT(그것을 베어 먹다)', 'C, CUT IT(그것을 자르다)' 이런 식으로 계속된다. 애플파이가 유아를 대상으로 한 교재에도 등장하는 것은 그만큼 친숙한 음식이었다는 것을 보여준다.

애플파이의 가족들

앞서도 말했듯이 사과를 사용한 과자는 전 세계에 존재한다. 프랑스에도 '타르트 오 폼므(Tarte a pomme)'라는 과자가 있는데, 이것은 영국이나 미국의 애플파이와 직계가족이라고 해도 무방할 것이다. 형태는 약간 다르지만 '쇼송 오 폼므(Chausson au pomme)'도 애플파이의 가족에 추가해도 될 것 같다. '쇼송'이라는 것은 실내용 신발, 즉 슬리퍼란 뜻으로 반원형의 형태 때문에 이런 이름이 붙여진 것이라고 한다.

이 과자도 예부터 알려진 고전적인 프랑스 과자로, 빅토르 위고의 대표작인 『레 미제라블』에서는 이 쇼송 오 폼므가 매우 인상적으로 쓰여져 있다. 그것은 부랑아인 가브로슈가 마지막 투쟁에 나가기 위해 공화주의자들이 쌓아 올린 바리케이드를 향해 걸어가는 장면에서 등장한다. 한 손에 권

쇼송 오 폼므 Chausson au pommes

총을 쥐고 퐁토슈 거리를 걷던 가브로슈는 이윽고 제과점 앞에 다다른다. 가브로슈는 한 치 앞을 모르는 상황에서 다시 한 번 쇼송 오 폼므를 먹을 기회가 주어진 것을 하늘의 은총이라 여기고, 주머니를 뒤져보지만 1수(프랑스의 옛 화폐 단위)도 없다. 그는 자신도 모르게 외친다. "도와줘!" 가브로슈는 마지못해 쇼송 오 폼므를 포기하고 다시금 길을 걷기 시작한다. 그리곤 바리케이드로 가서 전투에 참가하고, 며칠 후 총탄에 맞아 12년의 짧은 생애를 마감한다.

　이 장면의 시대 설정은 1832년 6월. 여기에 등장하는 과자가 그보다 훨씬 이전부터 존재했다는 것은 말할 필요도 없을 것이다. 현재까지도 쇼송 오 폼므는 프랑스 제과점에서 판매되고 있다. 그만큼 오랫동안 사랑받는 과자이다.

독일에는 '아펠 임 슈라프로크(Apfel im Schlafrock)'라는 고전적인 사과 과자가 있다. 아펠은 독일어로 사과를 뜻한다. 그렇다면 슈라프로크란? 이것은 파자마 위에 걸치는 실내복, 즉 나이트가운을 말한다. 왜 이런 이름이 붙었는지는 실제로 이 과자를 만들어 보면 알 수 있다. 독일 과자답게 레시피는 더없이 간단하다.

우선 블레터타이크(프랑스 과자에서 말하는 파트 푀이테)를 얇게 펴서 정사각형으로 자른다. 사과의 껍질을 벗기고 심을 뺀 다음 정사각형 블레터타이크의 중앙에 둔다. 사과의 심을 뺀 후 생긴 구멍 속에 설탕, 건포도, 사과잼, 와인을 섞은 재료를 채운다. 블레터타이크 네 귀퉁이의 반죽을 들어 올려서 사과를 감싸고, 맨 위 이음새에 작은 원반형으로 오려낸 블레터타이크를 덮어 붙인 후 오븐에 굽는다.

이제 짐작할 것이다. 사과를 통째로 블레터타이크로 감싼 그 모습이 마치 사과에 슈라프로크(실내복)를 입힌 것처럼 보여 그 이름이 붙여진 것이다. 투박하고 꾸밈없는 독일 과자치고는 꽤 멋진 이름이다.

자, 그럼 이제 빈의 명과에 대해 얘기해 보자. 우선 빈의 과자 중에서 사과를 사용한 과자 하면 빼놓아선 안 될 것이 '아펠 슈트루델(Apfel strudel)'이다. 헤밍웨이는 단편집 「우리 시대에」 중 한 편에서 "아펠 슈트루델이 먹고 싶다면 그것을 먹으면 되지 않겠는가."라고 쓰고 있다. 또한, 영화 〈G. I. 블루스〉에서는 병역으로 빈에 주둔하고 있던 엘비스 프레슬리가 "맛있는 디저트라면 아펠 슈트루델이지." 라고 동료에게 말한다. 헤밍웨이의 소설은

(위)아펠 슈트루델 Apfelstrudel (아래)바클라바 Baklava

읽은 적도 없고, 엘비스 프레슬리의 영화에도 관심이 없는 사람의 입장에서는 '그게 뭐?'라고 반문할지도 모르지만, 어쨌든 그만큼 대중적인 빈의 과자라는 것이다.

하지만 아펠 슈트루델을 애플파이의 가족이라고 말하는 것은 다소 무리가 있을지도 모르겠다. 사과의 속 재료를 싸는 반죽이 매우 얇기도 하고 바삭바삭한 식감이 애플파이의 파이 껍질과는 전혀 다르기 때문이다.

오스트리아권(圈)의 경우에도 아펠 슈트루델을 포함한 슈트루델의 역사가 상당히 오래되었다. 게다가 그 발전과 보급의 배경에는 합스부르크가(家) 영광의 날들을 포함하는 훌륭한 내력이 존재한다. 빈의 시립도서관에는 1696년에 손으로 작성한 슈트루델의 레시피가 보존되어 있는데 그 역사를 거슬러 올라가 보면, 14세기부터 18세기에 걸쳐 터키를 중심으로 지중해 연안 지역을 지배했던 오스만제국과도 연관이 있다고 하니 얘기가 장대해진다.

중동지역의 아랍 여러 나라에는 '바클라바'란 향토 과자가 있다. 얇고 바삭바삭한 반죽 층 사이로, 벌꿀을 묻힌 잘게 썬 견과류가 가득 들어있는 무척 달콤한 과자다. 바클라바는 현재 아랍 여러 나라에 넓게 퍼져 다양하게 만들어지고 있는데, 원래는 오스만제국에서 생겨난 것으로 터키가 그 발상지이다.

오스만제국은 16세기에 동유럽으로 진출하여 숱한 격전을 치르고 헝가리 남부와 동부를 정복했다. 이때 북부와 서부를 지배하고 있던 것이 오스트리아를 근거지로 한 합스부르크가였다. 이후 오스만제국의 이슬람 세력과 합스부르크가의 그리스도교 세력은 헝가리를 분할통치하면서 150년에 걸쳐 서로 격렬하게 대항했다.

전쟁은 파괴와 약탈이 자행되는 끔찍한 사건이지만 한편으로는 문화적 교류가 이루어지기도 한다. 이슬람 세력에 대항하러 온 그리스도교 십자군은 아랍의 뛰어난 문화를 유럽에 가져갔으며, 합스부르크가 또한 오스만제국과의 여러 해에 걸친 전쟁 속에서 많든 적든 아랍문화의 영향을 받지 않을 수 없었다. 특히 맛있는 음식을 눈앞에 두고는 적도 내 편도 없었다. 국경 따위는 존재하지 않는 것이나 다름없었다. 바클라바는 터키에서 헝가리를 경유하여 빈에 전해졌고, 이것이 합스부르크가의 우수한 요리사들의 손에 의해 슈트루델로 변모하게 된 것이다. 이렇듯 과자에는 웅장한 스케일의 파란만장한 역사가 존재한다. 누군가는 고작 과자라고 할지 모르지만 누가 뭐라 해도 과자는 역사의 산물이다.

Episode 04

4월의 물고기

Poisson d'Avril

어머니, 우리는 이제 정원을 걸을 거예요.
멀리서 우리를 본 마을 사람들은 변장한 두 사람을
파리에서 온 아가씨들이라고 여기고, 부지사 부인에게는
딸이 3명 있다는 소문이 순식간에 퍼지겠죠.
그러나 내일이 돼서 보이는 것은 딱 한 사람뿐.
그렇게 되면 다른 두 사람에게 무슨 일이
일어났는지 알고 싶어서, 분명히 모두 들판에 나와 보겠죠.
결국, 부삭 마을 사람들은 4월의 물고기를
맛보게 되는 거예요.

*

조르주 상드(George Sand) 『잔느』 중에서

속이는 기쁨, 속는 즐거움

3월 중순, 프랑스의 모든 제과점 앞에는 물고기 모양의 과자가 늘어서기 시작한다. 초콜릿이나 쿠키, 푀이타주, 프티가토까지 소재도 모양도 다양한데, 이 모든 것은 다가올 '푸아송 다브릴(4월의 물고기, Poisson d'avril)'의 흥취를 더하기 위한 것이다.

프랑스에서 '푸아송 다브릴'은 4월 1일이다. 왜 이날을 '4월의 물고기'라고 부르는지에 대해서는 나중에 설명하도록 하겠다. 이날을 고대하는 것은 프랑스인만은 아니다. 전 세계의 다양한 축제일이나 기념일 가운데 사람들에게 가장 사랑받는 날이라고 해도 과언이 아닐 것이다. 이유는 간단하다. 평소 누구나 은밀하게 품고 있는 욕구를 이룰 수 있기 때문이다. 그 욕구가 은밀할 수밖에 없는 이유는 무턱대고 그것을 이루려고 하면 많은 사람들에게 폐를 끼칠 수도 있고, 세상의 질서를 어지럽힐 수도 있기 때문이다. 때에 따라서는 명백한 반사회적 행위가 될 수도 있다. 그래서 사람들은 평소에는 그 욕구를 마음 깊은 곳에 몰래 가둬 두는 것이다.

푸아송 다브릴에 과자점 앞에 전시된 초콜릿으로 만든 물고기

여기까지 말하면 과연 짐작이 되는가? 4월 1일에만 허용되는 건 다름 아닌, '타인을 속이고 싶다', '기만하고 싶다'는 생각이다.

영어로는 '만우절(April Fool's Day 또는 All Fool's Day)'라고

하는데, 이날만큼은 타인을 한바탕 속이는 것이 공공연하게 허락된다. 그리고 속는 쪽도 이날만은 감쪽같이 속았다며 오히려 상대방의 재치를 칭찬하며 즐긴다. 이 풍습은 전 세계 각지에서 명칭이나 형태를 바꿔가며 존재한다. 그러니 이것은 지역성이나 민족성에 의한 것이 아니라, 필시 타인을 속이고 싶어하는 인간의 본성과 관련된 것이리라.

한자로 '萬愚節(만우절)'이라고 하기 때문에 왠지 그리스도교와 관계 있을 거라고 여기는 사람도 있을지 모르겠지만, '만우절'은 단순한 'All Fool's Day(올 풀즈 데이)'를 번역한 것으로 종교적인 것과는 아무 상관이 없다.

하지만 이날의 기원은 정확히 밝혀지지 않았다. 다만 먼 옛날부터 4월 1일은 춘분과 관련된 날로 축하해 왔다. 춘분(春分)은 글자 그대로 봄의 도래를 상징하는 날이므로 농경민족에게는 대단히 중요한 의미를 지닌 역일(歷日)이다. 중세 이전 유럽의 책력에서 1년의 시작은 3월 25일이었는데 이것도 춘분과 밀접한 관련이 있다. 사람들은 3월 25일부터 일주일에 걸쳐 신년을 축하하고 8일째 되는 날인 4월 1일에는 친한 사람들끼리 선물을 주고받는 관습이 있었다.

그런데 1564년 프랑스 왕인 샤를 9세가 율리우스력을 폐지하고 그레고리력을 도입해 1년의 시작이 1월 1일로 바뀌었다. 그러나 제도가 변해도 오래된 관습은 프랑스인들의 삶에서 사라지지 않았고 변함없이 4월 1일을 진짜 신년인 것처럼 가장하고 계속 축하했다. '허위 신년', '거짓 신년'을 축하하는 풍습은 세월과 함께 조금씩 변화해 '타인을 속이고 즐기는' 풍습으로 변모해 왔다는 것이 가장 신빙성 높다. 어쨌든 이 풍속은 프랑스에서 생겨났으며 이것이 영국과 독일로 전해져 세계 각지로 퍼져나갔다는 것은 확실하다.

그렇다면, 이날의 발상지인 프랑스에서 4월 1일을 '4월의 물고기'라고 하는 이유에 대해 이야기해 보자. 이에 관해서도 다양한 설이 전해지고 있으며 어느 것이 맞는지 분명하지 않다. 그러나 그중 기상천외하여 서민들에게 가장 인기 있는 설을 소개하겠다.

루이 13세 때인 17세기 중반. 로렌공은 왕의 명령에 따라 아내와 함께 낭시에 있는 성에 감금되어 있었다. 그러던 어느 날, 로렌공은 탈출을 계획했다. 아직 날이 밝지 않은 새벽, 두 사람은 계획을 실행에 옮겼다. 가난한 농민의 모습으로 변장한 로렌공 부부는 문지기의 눈을 감쪽같이 속이고 성을 빠져나갔다. 이윽고 부부의 모습이 사라진 것을 알아챈 성의 무사들이 떼를 이루어 두 사람을 추적하기 시작했다. 필사적으로 도망치는 두 사람과 그 행방을 더듬어 가는 추격자들. 그러나 무정하게도 두 사람의 전방에는 무즈강이 도도하게 흐르고 있었다. 눈앞에선 급류가 흐르고, 등 뒤에는 그들을 쫓는 추격자. 오도 가도 못하던 두 포로는 마침내 결심하고 강물에 뛰어들었고, 있는 힘을 다해 헤엄쳤다. 강가까지 쫓아 온 추격자들은 어둠 속에서 그 모습을 보고 제각기 외쳤다. "헤엄쳐서 건너고 있어." 그런데 그때 평소에 로렌공 부부를 동정하고 있던 이웃 농부들이 무사들에게 충고하듯이 이렇게 말했다. "저게 사람이라고? 무슨 소리를 하는 거야. 저렇게 능수능란하게 헤엄치는 것은 물고기가 틀림없지." 이렇게 로렌공 부부는 무사히 무즈강을 건너 탈출에 성공했다. 이날이 바로 4월 1일이었다.

그러나 '4월의 물고기' 관습에 대한 언급은 17세기 이전의 문헌에서도 발견되기 때문에 위의 이야기는 민간에서 전해져 오는 설일 뿐이다. 어쨌든 지금은 '푸아송 다브릴(4월의 물고기)'의 관습이 옛날에 비해 한물갔다고 한탄하는 노인들이 적지 않다. 그럼에도 불구하고 여전히 프랑스에서는 종이에 물고기 그림을 그려, 친구나 싫어하는 직장상사의 등에 몰래 붙이고 '푸아송 다브릴! 푸아송 다브릴!'이라고 외치는 전통적인 장난이 이어진다.

1975년에 만들어진 미국 영화 〈프렌치 커넥션 2〉에서는 이런 장면이 나온다. 마약범죄조직을 쫓아 멀리 마르세유로 온 뉴욕 형사, 일명 뽀빠이로 불리는 지미 도일은 항구의 어시장에서 물고기의 배를 닥치는 대로 가르고 있는 형사들과 조우한다. 물고기의 배에 마약을 숨겨 반입하려 했다는 밀

20세기 초반에 만들어진
푸아송 다브릴용 그림엽서

고가 있었던 것이다. 그러나 마약은 결국 나오지 않고 밀고는 거짓이었던 것으로 밝혀진다. 까닭을 모르고 있던 뽀빠이에게 마르세유의 형사 중 한 사람이 이렇게 말한다. "푸아송 다브릴이야. 오늘은 4월 1일이지. 보통은 종이로 만든 물고긴데 이번에는 진짜 물고기로 감쪽같이 속은 거지."

달걀과 토끼

프랑스에서는 물고기 과자가 나오는 시기를 전후로, 제과점의 진열장을 장식하는 또 다른 과자들이 있다. 바로 달걀이나 토끼 모양을 한 초콜릿 과자이다. 작은 것부터 큰 것까지 다양한 종류의 초콜릿 과자들이 예쁘게 장식된 진열장 안에서 빛을 발한다. 이것은 부활절의 정취를 잘 보여주는 것으로 유럽 사람들에게는 익숙한 풍경이다.

물론 부활절은 십자가형을 받은 예수 그리스도가 3일째 되는 날에 되살아나신 것을 기념하는 축제이다. 그러나 그 날짜는 '춘분 후 첫 만월 다음에 오는 일요일'로 정해져 있으며 해에 따라 바뀌는 이동축제일이다. 하지만 이것은 생각해 보면 이상한 일이다. 그리스도가 죽은 지 3일째 되는 날에 부활했다면 부활절도 매년 같은 날에 치러져야 한다. 그렇지 않으면 십자가형을 받은 날이 매년 달라지니까 말이다. 그런데 도대체 왜 해마다 날짜가 달라지는 것일까?

크리스마스를 비롯한 그리스도교의 많은 축제가 그렇듯이 부활절 또한 그리스도 이전의 오래된 풍속에서 그 기원을 찾을 수 있다. 여기서 재미있는 점은 그 기원이 나라마다 다르다는 것이다.

　프랑스에서는 부활절을 파크(Paque)라고 하며 이탈리아어에서는 파스쿠아(Pasqua)라고 한다. 이것은 원래 유대교의 과월제를 나타내는 히브리어 페샤(Pesā h)에서 왔으며 부활절의 기원이 유대교의 의식임을 나타낸다. 한편 영어의 이스터(Easter), 독일어의 오스테른(Ostern)의 기원은 게르만 신화에 등장하는 봄의 여신 '에오스트레(Eostre)'에서 유래되었다. 따라서 부활절은 옛날 게르만 민족의 신앙에 바탕을 둔 풍습이라고 짐작된다. 즉 두 개의 기원을 지닌 풍습이 유럽의 긴 역사 속에서 그리스도교의 보급과 함께 한 개로 수렴되어 현재의 부활절을 만든 것이다.

(좌)초콜릿으로 만든 이스터 버니. (우)빈 시장에서 판매되고 있는 각양각색의 이스터 에그. ⓒ 2012 gedankenabfall https://flic.kr/p/by7D5W, https://creativecommons.org/licenses/by/2.0/

부활절의 상징은 달걀이다. 이 시기에는 가정, 상점, 교회 등 어디를 가나 가지각색으로 채색된 달걀을 볼 수 있다. 이 이스터에그(Easter Egg)에는 거의 삶은 달걀이 사용되는데 간혹 날달걀인 경우도 있다. 그래서 부활절이 되면 삶은 달걀인 줄 알고 깨려 했다는 우스갯소리도 끊임없이 들려온다. 이 시기가 되면 제과점 앞에 크고 작은 갖가지 이스터에그가 늘어선다. 그런데 대부분이 달걀 모양을 한 초콜릿 과자라서 제과 도구 가게에서는 부활절용 달걀 모양을 한 플라스틱 틀을 다양하게 준비해 둔다.

달걀이 부활절의 상징이 된 이유는 그것이 생명을 만들어내는 근원이라 여겨졌기 때문이다. 앞서 말했듯이 이 축제가 그리스도의 부활과 결부된 것은 그리스도교가 성립된 후의 일이며, 원래는 유대교의 과월제나 게르만 신화에 등장하는 봄의 여신에서 유래된 것이다.

그러나 유래가 달라도 이러한 풍속에는 농작물의 풍작에 대한 공통적인 바람이 담겨 있다. 부활절의 날짜가 춘분을 기점으로 정해진다는 것을 생각해 보자. 춥고 긴 겨울을 견뎌낸 후 밝고 따뜻한 봄이 온 것을 기뻐함과 동시에 축복하고 싶은 사람들의 마음이 부활절이라는 행사에 응축된 것이다.

그렇다면 부활절과 토끼는 어떤 관련이 있을까? 사실상 토끼는 그리스도의 부활과는 전혀 관련이 없다. 토끼는 옛날부터 새끼를 많이 낳는 동물로 알려졌으며 마찬가지로 풍작을 상징한다. 이것이 부활절과 결합된 것은 그다지 오래되지 않았으며 근대에 들어서라고 짐작된다. 유럽의 몇몇 지역에서는 토끼가 달걀을 숨긴다는 이야기가 전해져 오는데, 이 지방에서는 부활

절 아침에 아이들이 다 함께 정원에 숨겨
놓은 달걀을 경쟁하듯 찾아내는 풍습이
있다. 또 다른 지역에서는 토끼가 부활절
달걀을 낳는다는 전설도 전해진다. 이러
한 이유로 부활절에 토끼 모양의 초콜릿
도 제과점 윈도우를 장식하게 된 것이다.

콜롬바 파스쿠알레.
ⓒ 2015 Nicola https://flic.kr/p/9vksw1, https://
creativecommons.org/licenses/by/2.0/

　이탈리아의 콜롬바 파스쿠알레(Colom-
ba Pasquale, 부활절 비둘기)도 부활절 과
자로 유명하다. 평화의 상징으로서 비둘
기를 본뜬 과자는 예부터 이탈리아에서
만들어 왔다. 그것을 처음 부활절용 행사 과자로 바꾼 곳은 1900년대 초
반, 밀라노 제과점인 모타(Motta)에서였다. 이탈리아에는 원래 파네토네라
는 크리스마스용 과자빵이 있는데, 그것을 부활절에 이용할 수 없을까 지
혜를 짜내다 고안한 것이 콜롬바였던 것이다. 본래 비둘기와 부활절 사이에
는 어떤 관계도 없기 때문에, 어찌보면 억지스러운 장삿속이 아닐 수 없다.

　콜롬바 파스쿠알레는 이렇게 상업적인 목적으로 탄생했지만, 이탈리아
부활절 과자의 대명사가 되었고 지금도 부활절 기간이 되면 이탈리아 전역
에서는 이 과자가 넘쳐난다. 그만큼 부활절이라는 행사가 사람들의 삶에 밀
착되어 있고 서민들의 필요에 부합하는 것이었다고 볼 수 있다.

과자로 만든 동물들

물고기, 달걀, 토끼, 비둘기…. 봄 행사용 동물 과자를 다루는 김에 동물과 관련된 과자를 몇 가지 더 소개할까 한다.

알자스 지방에서 부활절에 만드는 아뇨 파스칼(Agneau pascal)은 어린 양 모양의 구움 과자이다. 도예의 마을로 알려진 알자스 지방 주플렌하임 (Soufflenheim)에 가면, 어느 직매점에 들어가도 구겔호프의 틀과 함께 도자기로 만든 아뇨 파스칼 틀을 발견할 수 있다. 이 과자가 언제부터 알자스의 명과로 알려지게 되었는지는 확실하지 않지만, 원래 유대교에서는 과월제에 어린 양(아뇨)을 공물로 구워 먹는 의식이 있었다. 그러므로 그것과 관련된 이 과자도 상당히 오래전부터 있었을 것이다.

'랑그 드 샤 (고양이 혀)'라는 이름에는 세련된 장난기가 넘친다. 현대에 전해오는 고전적인 프랑스 과자의 대다수가 그렇듯이 이것도 19세기 후반에 만들어진 것 중 하나이다. 버터를 듬뿍 넣은 반죽을 아주 얇은 타원형으로 구운 이 쿠키는, 그 모양과 까칠까칠한 질감이 고양이 혀를 연상시킨다고 해서 이런 이름이 붙여졌다. 이름 그 자체로도 멋질 뿐만 아니라 에로틱한 뉘앙스까지 풍기는 이 과자의 이름에서 프랑스인의 재치를 한껏 느낄 수 있다. 예를 들어 이것이 개의 혀 (랑그 드 시엥)였다면 어땠을까? 벌써 옛날에 사라져 버렸을 것이다.

랑그 드 샤는 독일로 건너가 카첸츤겐(Katzenzungen)이 되었다. 물론 카첸츤겐은 랑그 드 샤를 독일어로 직역한 것이다. 프랑스에 대한 대항의식이 강하며 완고하고 고집스러운 독일인도 고양이 이외의 동물은 생각지 못한 모양이다. 이와 같이 동물의 입과 관련된 과자 이름 중에는 '당 드 루(늑대의 이빨)'라는 것도 있다. 고양이의 혀는 귀엽지만, 늑대의 이빨은 어쩐지 무서운 느낌이 든다. 그러나 당 드 루는 겉보기엔 그다지 무섭지 않은 일반적인 쿠키로서 그 역사가 랑그 드 샤보다 훨씬 길다.

1807년에 출판된 그리모 드 라 라니에르의 『식통연감』 제5권의 '프티푸르에 관해'라는 항목 중에는 당시 제과점에서 팔리던 과자의 이름이 많이 등장한다. 그 목록에는 당 드 루도 포함되어 있다. 그러나 그것이 현재 알려진 당 드 루와 같은 것인지는 알 수 없다. 왜냐하면 당 드 루라는 이름으로 세상에 나온 과자에는 몇 가지 베리에이션이 존재하기 때문이다. 1873년 쥘 구페의 『파티스리 책』에 당 드 루의 레시피가 실려 있는데 이것은 프티푸르라기보다는 타르트레트다. 또한 1868년 위르뱅 뒤부아의 『예술적 요리』에 나오는 당 드 루는 긴 삼각형으로 자른 사탕이다. 뛰어난 파티시에가 자신만의 감성으로 각각의 당 드 루를 만들어낸 것이다. 이것을 뒤집어 생각해보면 '늑대의 이빨'이라는 이름이 파티시에들의 상상력을 얼마나 자극했는지 알 수 있다.

독일의 레뤼켄(Rehrucken)은 아주 맛있는 구움 과자이다. 본래는 초콜릿이 가미된 다갈색에 가까운 색상을 띠지만 최근에는 연한 갈색의 레뤼켄도 흔히 볼 수 있다. 이 레뤼켄은 '사슴의 등을 모방한 색과 형태'에서 그 이름이 붙여졌다고 설명하는 경우가 많다. 그러나 이것은 어쩌면 잘못된 정보일지도 모른다.

독일의 오래된 요리책에는 레뤼켄의 조리법이 여러 차례 나온다. 예를

초콜릿으로 만든 마리엔케파

들어 19세기 초반의 가정서에는 이런 설명도 있다. '레뤼켄은 물에 잘 씻어 껍질을 벗기고 소금과 후추를 뿌려 둔다.' 확실히 '레(Reh)'는 사슴을, '뤼켄(rucken)'은 등을 뜻한다. 그러나 여기에서 말하는 레뤼켄은 사슴의 안창살, 즉 등심을 가리킨다.

그렇게 생각하면 과자인 레뤼켄이 왜 그런 색과 모양을 하고 있는지 이해할 수 있을 것이다. 옛 유럽에서 수렵은 귀족이나 부르주아들의 큰 오락거리였다. 사냥으로 잡은 짐승은 집으로 가져가 조리한 다음 식탁에 올렸다. 당시 사람들에게 수렵육은 현재의 우리가 생각하는 것보다 훨씬 더 친숙한 식재료였다. 그래서 과자에다가 수렵 육의 이름을 붙이는 데에도 별다른 망설임이 없었을 것이다.

그러나 시대가 변하고 귀족이나 부르주아가 아닌 일반 서민들이 사회에 진출하면서 무슨 일이든 온건한 것을 선호하게 되었다. 그래서 과자 이름을 수렵 육이라 하는 건 기괴하다고 여기는 사람이 많아졌다. 그래서 더 평화롭고 로맨틱한 이미지의 '사슴의 등'이라는 새로운 해석이 생겨난 것이다. 이것은 제멋대로 추측한 것에 불과하지만, 과자의 이름도 끝까지 파고들다 보면 꽤 의미심장하다.

그 밖에도 독일에는 배렌탓체(Bärentatze, 곰 발바닥)라는 귀여운 구움 과자가 있는데 5월부터 6월에 걸쳐 유럽 각지의 제과점 쇼윈도를 무당벌레 모양의 과자, 마리엔케퍼(Marienkafer, 프랑스어로는 코크시넬 coccinelle)가 장식한다. 이 마리엔케퍼에도 봄이 오는 데 대한 기쁨이 표현되어 있으며 지역에 따라서는 '그해 첫 무당벌레가 앉은 사람에게는 행복이 찾아온다'는 이야기가 전해온다. 덧붙여 마리엔은 성모 마리아에서 따왔다고 한다. 하늘을 향해 똑바로 날아가는 모습을 성모의 승천에 비유한 것이다. 그러니 이것으로 사람들이 행복을 비는 것도 무리가 아니다.

그 외에도 코숑(cochon, 돼지), 시뉴(cygne, 백조), 수리(souris, 생쥐), 에리송(hérisson, 고슴도치) 등 동물과 관련된 과자는 너무 많아서 일일이 셀 수가 없을 정도이다. 사람들이 느끼는 동물과 과자에 대한 이미지는 서로 비슷한 모양이다.

Episode 05

에클레르

Éclair

공작부인은 아직 아무것도 이해하지 못하는 토토에게
팔레 루아얄에 있는 제과점의 에클레르 오 쇼콜라를 건네면서 말했다.
"이가야, 오늘 네가 본 것을 절대 잊어선 안 돼. 우리를 문에서 내쫓으려는
저 나쁜 남자들은 너의 국민이란다. 언젠가 네가 힘을 되찾았을 때는….
나머지는 영국에 가서 설명해 줄게." 프랑스의 왕위계승자는
입술에 묻은 초콜릿을 팔로 닦으면서 대답했다.
"네, 어머니." 그리고 12시간 뒤 프랑스의 왕 일가는
다시 외국 땅에 뿌리를 내리기 위해 저택을 떠났으며
튈르리 궁전에서 일제히 사라져 버렸다.

*

트샤토 『트롱비노스코프(1872)』 중에서

에클레르의 전설

　세상에 잘 알려진 수많은 과자들. 이것들은 도대체 언제, 누구에 의해, 어떤 식으로 만들어진 것일까? 이것은 무척 어려운 문제이다. 과자라는 것은 사람들의 삶에 밀착된 기호품이기 때문에, 커다란 역사적 사건에 관련된 것이 아닌 이상 그 유래나 내력에 관한 기록을 남기지 않는 것이 일반적이기 때문이다.

　앞서 소개된 갈레트 데 루아에 사용되는 피티비에라는 과자 역시 프랑스의 시골 마을 피티비에 시(市)의 특산품이지만, 그 정확한 유래에 대해 알고 있는 피티비에 시민은 아무도 없다. 게다가 피티비에 시의 홈페이지에서도 '지금은 시간의 흐름에 묻혀 분명하지 않다.'라며 그 유래가 정확하지 않음을 인정하고 있다. 피티비에뿐만 아니라 다른 과자도 그 유래나 탄생의 경위가 확실치 않은 경우가 많아 전설 같은 이야기들이 따라다닌다. 프랑스 제과점이라면 반드시 있다 해도 과언이 아닌 대중적인 슈과자 '에클레르'에도 그런 전설이 몇 가지 전해진다.

캐러멜로 광택을 입힌 고전적인 에클레르 (좌)와 현대의 에클레르 (우)

혹시 이런 이야기를 들어본 적이 있는가? '에클레르를 최초로 만든 사람은 그 유명한 앙투안 카렘이다'. 이 이야기를 알고 있는 사람이라면 '이것은 전설이 아니라 분명한 사실'이라고 확신할 것이다. 그리고 이렇게 말할 것이다. "전문가가 쓴 책에 그렇게 적혀있었어요!" 그러나 유감스럽게도 전문가라고 해서 언제나 옳은 것은 아니다. 프랑스의 저명한 민속학자 엠마뉴엘 페레는 1997년 공저 『민속학적 과자 소론』에서 이렇게 단정지었다. "천재 파티시에 앙투안 카렘이 최초로 에클레르를 만들었다." 학자가 너무나 단호한 어조로 이렇게 말한다면 대부분의 사람들은 조금의 의심도 없이 사실로 받아들일 것이다.

그러나 이 확신에는 근거가 없다. '에클레르의 창작자가 카렘'이라는 것은 하나의 설에 불과하다. 왜냐하면 19세기 이전 카렘의 저서 어디를 뒤져봐도 에클레르는 나오지 않으며, 카렘과 에클레르의 관계를 다룬 요리, 과자에 대한 자료 또한 그 어디에도 존재하지 않기 때문이다.

다른 근거가 필요하다면 다음의 구절을 보자. "최근 20년 사이, 크림을 채우고 표면에 광택제를 바른 '팡 아 라 뒤쉐스'는 '에클레르'라는 이름으로 불리게 되었다." 이것은 쥘 구페의 1872년 저서 『파티스리의 책』중 팡 아 라 뒤쉐스에 덧붙여진 해설이다. 그는 팡 아 라 뒤쉐스는 '타원형으로 구운 슈 반죽에 크림을 채운 과자'로서 1850년경부터 에클레르로 불리게 되었다고 서술하였다. 사실 이 인용은 원서가 출판되고 2년 뒤에 영국에서 출판된 영어 번역판에 기술된 내용이며 원서와는 약간 다르다. 그러나 이 영어 번역판 번역자가 쥘 구페의 친동생인 알폰소 구페인 것으로 보아 이 부분에는 원작자인 구폐의 의견이 반영되어 있을 것으로 짐작된다. 게다가 애당초 구폐는 카렘의 직속 제자였다. 에클레르가 정말 카렘의 창작이라면 구폐가 에클레르를 언급할 때 카렘이 창작자임을 밝혔을 것이다. 그러나 그러한 설명은 어디에도 없다.

그러니 구폐의 말대로 에클레르는 1850년 전후에 처음으로 그 이름을 부여받은 것이 된다. 또한 그 이름을 부여한 것이 1833년에 사망한 카렘일 리는 더더욱 만무하다. 덧붙여 말하자면 팡 아 라 뒤쉐스는 1807년에 발행된 그리모 드 라 레이니에르의 『식통연감』에 이미 그 이름이 등장하며, 18세기 말 요리서에도 그와 비슷한 이름이 나온다. 이렇게 여러 가지 자료들로 볼 때 카렘이 만들었을 가능성은 거의 없는 것으로 보인다.

결국 에클레르의 최초 개발자는 밝혀지지 않았다. 이런 결론이 무책임하다고 할 수도 있겠지만 모르는 것은 모르는 것이니 어쩔 수 없다. 진실이란 것은 곧잘 그런 것이니.

번개처럼 재빠르게 먹는다?

과자의 이름은 어디서 유래한 걸까? 팡 아 라 뒤쉐스에 왜 에클레르(번개)라는 별명이 붙은것일까? 여기에도 여러 가지 설이 있으며 어떤 것이 올바른 주장인지 알기는 어렵다.

1884년에 출판된 『탐구자와 호기심의 가교』란 잡학 사전 같은 책에는 에클레르의 어원에 관한 흥미로운 기사가 실려 있다.

"에클레르 : 과자, 나의 하잘것없는 의견으로는 이것은 번개(éclair)에서 온 것도 현자(éclaire)에서 온 것도 아니다. 이 에클레르를 처음 만든 파티시에는 원래는 다른 이름으로 불렸었다. 그 증거로 옛날 툴루즈에서는 이 과자를 '바통 드 자코브'라고 불렀다고 한다."

에클레르가 일명 바통 드 자코브라고 불린 것은 『라루스 가스트로노미크』에도 그렇게 적혀있으니 틀림없는 사실이다. 그러나 그것이 왜 에클레르라고 불리게 되었는지 위의 설명은 아무 것도 답해주지 않는다. 확실히 하잘것없는 의견이다. 같은 책에는 다른 설명도 있다.

'벨기에에서는 아직도 번개처럼 지그재그 모양의 에클레르가 팔리고 있다. 아마 이것이 과자 이름의 유래일 것이다.' 이것은 제법 그럴싸한 설명이다. 다만 애석하게도 130년 전에 벨기에에서 팔렸다고 하는 지그재그 모양의 에클레르는 지금은 어디를 찾아봐도 없다는 것이다. 게다가 옛날에 그것이 있었다는 것도 확인할 방법이 없다.

'번개'라는 신기한 과자 이름이 사람들의 상상력을 자극하는 것일까? 이 이름의 유래에 대해서는 많은 이들이 다양한 의견을 제시하고 있다. 예를 들어 "천천히 먹으면 손과 입 주변이 크림으로 끈적끈적해지기 때문에 번개처럼 재빨리 먹어야 한다."라든지 "이 과자를 옆에서 봐. 길고 날카로운 선이 몇 개나 뻗어있지? 그래서 에클레르야."라든지, "이 과자를 창작한 파티시에가 이걸 완성한 순간 마침 창밖에 번개가 번쩍였어. 그 순간 파티시에의 머리에 새로운 과자 이름이 번쩍 떠오른 거야. 바로 번개처럼!"

이런 기묘한 설들의 공통점은 과자의 외관으로부터 이름이 붙여졌다는 것이다. 이것은 앞서 서술한 바통 드 자코브와 관련된다.

원래 바통 드 자코브는 중세 이후 대항해시대에 사용된 측량 기구를 말한다. 이것이 왜 과자 이름에 사용된 것인지는 분명하지 않지만 『라루스 가스트로노미크』의 설명에 의하면, 윗면에 캐러멜로 광택을 입힌 에클레르를 바통 드 자코브라고 부른 듯하다. 이 기록으로 볼 때 과자 이름으로는 바통 드 자코브 쪽이 에클레르보다 더 오래된 것이란 건 확실하다. 다시 말해 여러 종류의 팡 아 라 뒤쉐스 중에서 캐러멜로 광택을 입힌 것에 우선 바통 드 자코브라는 별명이 붙여졌고, 이어 바통 드 자코브의 캐러멜이 빛을 받아 번쩍하고 반사되는 모양이 번개를 연상시킨다고 하여 에클레르라는 새로운 이름을 붙여졌다. 그 후 이 과자가 오로지 에클레르라는 이름으로 보급되었기 때문에 어느 사이에 바통 드 자코브뿐만 아니라, 다른 팡 아 라 뒤쉐스도 모두 통틀어 에클레르라는 이름으로 부르게 되었다. 이렇게 생각하면 '번개'라는 특이한 이름도 설명될 수 있을 것이다. 적어도 '번개처럼 재빨리 먹는다'와 같은 터무니없는 설명보다는 훨씬 설득력이 있다.

그러나 슬프게도 세상 사람들은 올바른 설명보다는 기발한 쪽을 선호한다. 확실히 이야기로선 그 편이 재미있다. 그리하여 '번개처럼 재빨리 먹는다'라는 설은 지금도 건재하며 심지어 대다수가 믿고 있다.

슈와 양배추의 미묘한 관계

에클레르는 슈 반죽으로 만드는 가장 잘 알려진 과자 가운데 하나이다.

슈 반죽을 사용해서 만드는 과자는 이외에도 그 종류가 다양해 유럽 과자 전체를 살펴 보자면 슈 반죽으로 만드는 과자가 하나의 큰 장르를 형성하고 있다고 해도 과언이 아닐 정도다. 그만큼 사람들에게 친숙한 슈 반죽이지만, 여기에도 역시 다수의 이야기가 존재한다.

슈 아 라 크렘. 가만히 보고 있으면 왠지 양배추처럼 보이지 않는가

프랑스어로 슈(chou)는 양배추를 말한다. 왜 채소 이름이 과자에 붙은 걸까? 슈 아 라 크렘은 둥글게 부푼 표면에 많은 주름이 있다. 그 모습이 마치 양배추와 같아 '슈'라고 불리게 되었다고 한다. 일단 이것이 정설이라고 해도 좋을 것이다. 이같은 설이 많은 사람들에게 받아들여지는 것은 슈 아 라 크렘이 에클레르와 마찬가지로 매우 대중적인 슈 과자이며 누구나 그 형태를 잘 알고 있기 때문이다. 또한 누가 봐도 슈 아 라 크렘의 외관이 양배추를 닮았기 때문에 이 이야기는 꽤 설득력이 있다.

그러나 이 설명에는 약점도 있다. 슈 반죽으로 만드는 과자 중에는 슈 아라 크렘이 탄생하기 훨씬 전부터 알려져 있던 것들이 많기 때문에 슈 과자의 기점을 슈 아 라 크렘에 두는 것은 다소 무리가 있다. 또 같은 슈 반죽으로 만드는 팡 아 라 뒤쉐스의 외관 역시 양배추와 전혀 다르고 중세의 책에 이미 그 이름이 나오는 슈 반죽의 튀김과자, 베녜도 그 형태로부터 양배추를 연상하는 것은 꽤 어렵다. 이 모순을 살펴보려면 아마도 슈 반죽의 탄생 당시로 거슬러 올라갈 필요가 있을 것 같다.

애당초 '슈'라는 명칭은 언제부터 사용되기 시작한 걸까? 많은 음식문화 역사자료에 슈 반죽의 창작자로 거론되는 인물이 있다. 판테렐리라는 이름의 카트린 드 메디치의 셰프인데, 그가 슈 반죽을 만들어낸 것이 1540년이라는 정확한 시기까지 자료로 남아있다.

카트린 드 메디치는 르네상스 시대 피렌체 귀족의 딸로, 1533년 이후 프랑스 왕 앙리 2세가 되는 오를레앙공과 결혼하기 위해 많은 수행원을 데리고 프랑스로 갔던 인물이다. 그 수행원 중에는 뛰어난 요리사와 파티시에도 포함되어 있었으며 그들의 최첨단 요리기술이 당시까지 세련되지 못했던 프랑스 요리를 한층 더 발전시켜 지금의 고급 요리로 이끌었다고 전해진다. 지금은 거의 부정되고 있는 유명한 속설이긴 하지만, 아무튼 그 카트린 왕비의 요리장으로 근무했다고 알려진 인물이 바로 판테렐리다. 그런 그가 최초로 슈 반죽을 만들었다는 것이다. 그러나 그것을 증명하는 당시의 문헌 자료는 존재하지 않는다. 그러니까 확실히 말하자면 이것도 전설인 셈이다.

원래 프랑스뿐만 아니라 유럽 각지에는 밀가루와 소금, 끓인 물, 올리브오일을 반죽해서 만드는 소박한 반죽이 존재했다. 이 반죽을 중세 프랑스에서는 오로지 베녜를 만들 때만 사용했었는데, 전해지는 바에 따르면 판테렐리는 여기에 개량을 가했다고 한다. 바로 당시 널리 보급되기 시작한 달걀을 섞은 것이다. 이렇게 함으로써 반죽에 풍미가 가해지고 영양가가 높아졌을 뿐만 아니라 굽거나 튀겼을 때 잘 부풀게 되었다. 이를 기뻐하던 궁정 사람들은 이 개량된 새로운 반죽에 파트 아 판테렐리(pâte à Panterelli)

라는 이름을 붙였다. 판테렐리는 일명 '포플리니'라고도 불렀는데, 슈 반죽의 유래를 설명하는 자료 중에서 그 창작자의 이름을 포플리니라고 하는 것은 이 때문이다.

그렇다면 왜 판테렐리를 포플리니라고 불렀던 것일까? 포플리니라는 이름은 포플린느를 이탈리아 풍으로 바꿔 부른 것이라는 해석이 가능하다. 포플린느(Popeline)는 여성명사이므로 이것을 남성명사로 하면 포플랭 (Popelin)이다. 중세시대부터 잘 알려진 과자로 포플랭이라는 것이 있는데, 판테렐리가 이 포플랭을 특히 잘 만들어서 그런 별명이 붙었을 거라고 추측하는 전문가도 있다. 그러나 이것도 어디까지나 추측일 뿐이다.

학술적이면서도 제법 상스러운 슈 이야기

슈 반죽은 18세기경에는 푸플랭 반죽이라고 불렀다. 이것은 일반적으로 판테렐리가 개량한 반죽을 프랑스인 파티시에들이 더욱 발전시킨 것이라고 알려져 있다. 물론 이 푸플랭(Poupelin, Poupelain)은 포플랭에서 변화한 말이다.

포플랭 또는 푸플랭이라는 과자는 예로부터 잘 알려져 있으며 궁정 요리사로 이름을 떨친 라 바렌느의 저서 『프랑스 파티시에(Pâtissier françois, 1653년)』에도 그 레시피가 나와 있다. 그러나 라 바렌느의 푸플랭 반죽은 치즈와 달걀, 밀가루, 소금을 섞어서 만든 것으로, 현재의 슈 반죽과는 상당히 다르다. 만드는 방법도 '반죽을 손가락 굵기 정도로 늘여 버터를 바른 종이

라 바렌느의 '프랑스 요리인'의 속표지 그림.

위에 놓고 뜨거운 오븐에 굽는다. 구운 후 바로 녹인 버터를 바르고 설탕가루를 뿌린 다음, 로즈 워터를 뿌려 두 장씩 겹쳐 놓는다.'라고 적혀 있는 것으로 보아 오히려 쿠키와 비슷하다고 볼 수 있다. 그런데 이것이 어떻게 슈와 연결되는 것일까?

재미있는 것은 재료 속 치즈가 프티 슈 프로마주(fromage à petits choux)로 되어 있다는 것이다. 또한 이 푸플랭 레시피 바로 다음에 '프티 슈 만드는 방법'이라는 항목도 있다. 제조법은 푸플랭과 거의 같지만 다른 점은 밀가루를 많이 넣어서 달걀만 한 크기의 볼에 둥글게 굽는다는 점이다. 프티 슈라는 명명은 이 볼의 형태에서 유래되었다고 알려졌지만 그렇다고 해서 이것을 곧 현대 슈의 기원이라고 할 수는 없다. 이 두 가지는 전혀 다르다고 해도 과언이 아닐 정도로 다른 과자이다. 단, 푸플랭과 거의 같은 레시피로 만들어지는 프티 슈라는 과자가 라 바렌느 시대에 있었다는 것은 기억해 두자.

라 바렌느로부터 약 백 년 후, 므농의 『부르주아 여성요리사(La cuisinière bourgeoise, 1756년판)』의 푸플랭 항목에 이렇게 기술되어 있다. '냄비에 물을 주전자(물병)로 3번 붓고 약간의 소금, 달걀 반 정도 크기의 버터 덩어리를 넣고 끓인다. 버터가 녹으면 불에서 내려, 반 리트롱의 밀가루를 넣고 다시 불을 붙인 다음 재빠르게 젓는다. 반죽이 냄비에 들러붙지 않게 되면 다른 냄비에 옮겨 달걀을 넣고 섞으면서 거기에 달걀을 하나씩 더 추가해 가면서 계속 섞는다.'

자, 어떠한가? 이것은 현대의 슈 반죽 만들기가 아닌가. 이것으로부터 추측할 수 있는 것은, 푸플랭은 중세시대부터 있던 옛날 과자지만 18세기에 그 제조법이 갈라져 나오면서 현재와 같은 슈 반죽이 생겨난 것 같다는 것이다. 앞서 기술한 라 바렌느의 프티 슈를 여기서 떠올려 보자.

므농과 거의 동시대 사람인 프랑수아 마시알로의『궁정 및 부르주아 요리사(Le Cuisinier Royal et Bourgeois, 1691년판)』에는 프티 슈라는 과자가 수록되어 있다. 거기에 기술된 것을 보면 레시피가 라 바렌느의 것과 같다. 단지 그 뒤에 '앙트르메용 특별 레시피'라고 이름 붙여진 므농의 푸플랭과 매우 비슷한 제조법의 프티 슈 레시피가 소개되어 있다.

라 바렌느의 푸플랭과 프티 슈 조합을 므농의 푸플랭과 마시알로의 프티 슈 조합에 대응시킨다면, 후자가 전자로부터 갈라져 나와 현대식 슈의 원조가 되었다는 견해는 상당한 설득력이 있다고 할 수 있다. 그렇다면, 여기서 한 가지 중대한 의문을 제기하지 않을 수 없다.

판테렐리가 창작해 냈다고 하는 것은 정말 슈 반죽이었을까?

판테렐리가 포플리니라는 별명으로 불린 건 확실히 그가 푸플랭(포플랭) 제조의 명인이었기 때문인지도 모른다. 그러나 당시 푸플랭은 라 바렌느의 책에서 봤듯이 슈와는 달랐다. 그것이 현대식 슈와 같이 변한 것은 18세기에 접어들고 나서다.

판테렐리 시대는 물론이고 그로부터 1세기가 지난 라 바렌느 시대에도 현대풍의 슈는 아직 탄생하지 않았던 것이다. 그러므로 판테렐리가 슈 반죽을 만들어 냈을 리는 없다. 그렇다면 푸플랭과 슈의 관계에는 어쩌면 베네라는 튀김과자가 끼어있을지도 모른다. 그렇게 말하는 이유는 앞서 기술한 므농의 책 속에 베네 수플레라는 과자가 기재돼 있고, 므농은 거기에서 '같은 반죽을 사용해 프티 슈를 만드는 게 가능하다'고 했기 때문이다. 베네 수플레 반죽의 재료와 레시피는 현대식 슈 반죽과 거의 같다. 이것을 기름에 튀기면 풍선처럼 부풀기 때문에 수플레(soufflé)라는 이름이 붙여진 것이다.

이 사실을 바탕으로 상상의 나래를 좀 더 펼쳐 보자. 18세기가 되면서 누군지 모를, 열심히 연구하는 파티시에가 베네 수플레를 기름에 튀기는 대신 오븐에 굽는 모험을 시도했다. 그것은 보란 듯이 부풀었고 그 형태는 우리가 잘 알고 있는 프티 슈와 매우 비슷했다. 그 파티시에는 자신이 새롭게 만들어 낸 과자에 프티 슈라는 이름

vos artichaux dedans, & lors que vostre sain-
doux est chaud , mettez-les dedans tranche à
tranche, faites les bien frire, & servez.

41. *Pets de Putain.*

Faites vostre paste de baignets plus forte qu'à
l'ordinaire, par le moyen d'augmentation de
farine & d'œufs, puis les tirez fort menus, &
lors qu'ils seront cuits servez les chauds avec
sucre, & eau de senteur.

42. *Pâte filé.*

Prenez du fromage & le broyez bien, pre-
nez aussi autant de farine , avec peu d'œufs, le
tout assaisonné faites le cuire dans un poeslon

'프랑스 요리사'에 게재된 페 드 퓌탱(Pets de putain)의 레시피.

을 붙였다. 이윽고 그 반죽은 다른 파티시에 사이에도 퍼졌고 그와 함께 프티 슈의 상대라고도 할 만한 푸플랭에도 응용되기에 이르렀다. 이것이 슈 반죽이 탄생하게 된 비화이다. 확증은 없지만 일단 이치에는 들어맞는다.

그런데 베녜 수플레에는 '페(pets)'라는 별명도 있다. '페'는 방귀라는 뜻이다. 왠지 농담 같지만 프랑스에서 가장 권위 있는 『프랑스 아카데미 사전』의 페의 항목에도 '부풀어 오른 베녜의 일종을 이렇게 부른다.'라고 확실히 쓰여 있다.

페가 나온 김에 '페 드 논'이라는 과자를 소개하겠다. '논(nonne)'은 수녀를 가리키는 속어다. 수녀의 방귀, 이 얼마나 대단한 과자 이름인가! 일설에 의하면 수도원에서 한 명의 수녀가 푸플랭을 만들고 있었는데, 실수로 반죽을 끓는 기름 속에 떨어뜨리고 말았단다. 그러자 반죽은 순식간에 부풀어 올랐고, 그것을 보고 있던 다른 수녀가 기회를 놓치지 않고 이렇게 말했다. "어머, 당신의 방귀 같아요."

물론 이 이야기도 전설이다. 그 증거로 라 바렌느의 『프랑스 요리사』에는 같은 과자가 다른 이름으로 실려 있다. 그 이름은 '페 드 퓌탱(Pets de putain)'. 퓌탱(putain)

페 드 논(Pets de nonne)

은 매춘부라는 뜻으로, 후세의 파티시에는 이런 이름이 너무 품위 없다고 생각했었는지 퓌탱을 논으로 살짝 바꾸었다. 단, 어째서인지 '페'에는 집착했다. 선배를 존중하고 전통을 등한시 하지 않는 파티시에의 심정이 고스란히 담겨있다고 해야 할 것이다.

그런데 그럼에도 불구하고 여전히 상스럽다고 생각한 이가 있었던 모양이다. 그래서 이 과자 이름은 그 후 다시 수정되어 '수피르 드 논(Soupir de nonne)'이 되었다. 수피르(soupir)는 '한숨'이라는 의미로, '수녀의 한숨'이란 뜻이 된다. 매춘부의 방귀에서 수녀의 방귀로, 그리고 수녀의 한숨까지…. 이렇게 작은 과자 이름 하나도 고심해서 짓는 걸 보면 인간의 번뇌란 참으로 끝이 없는 것 같다.

Episode 06

볼로방

Vol-au-vent

작은 파티시에 소년은 머리끝부터 발끝까지 새하얗다.
흰색 바지에 흰색 상의, 그리고 흰색 모자.
가게 주인은 그 새하얀 모자 위에 큰 바구니를 얹었다.
바구니 안에는 매우 훌륭한 볼로방과
그 주위를 에워싸듯 늘어놓은 여러 다스의 프티푸르가
남겨있었다. 볼로방과 프티푸르로부터 풍겨나오는
좋은 냄새는 행복한 기분이 들게 했다.
주인은 작은 파티시에 소년에게 말했다.
"서둘러라! 도브로카 씨가 6시까지
집으로 배달해달라고 했는데,
벌써 6시 반이야. 더는 지체하면 안 돼.
전표는 타올 아래에 들어있단다."

*

샤를 몽세르 『프티 파티시에』(1865년) 중에서

바람처럼 가볍게

카렘의 평전을 쓴 이안 켈리의 저서 중에는 이런 문장이 있다. '카렘이 볼로방을 발명한 것도 이 시기에 이곳에서 이루어졌다고 전해진다.'

민속학자인 엠마뉘엘 페레도 과자의 유래를 모은 저서에서 다음과 같이 기술하고 있다. '19세기 초반에 앙투안 카렘이 볼로방에 이어 밀푀유를 창조했다.'

켈리가 '이 시기'라고 말한 것은 1803년부터 1804년에 걸친 겨울을 가리

킨다. '이곳'은 카렘 본인이 파리에 낸 가게이다. 확실히 카렘은 자신의 가게를 갖고 있었다. 이 사실은 동시대 자료에서도 확인할 수 있으므로 틀림없다. 그러나 그 개점 시기는 아무리 빨라도 1805년이다. 더구나 거기에서

볼로방

볼로방을 창작했다는 것을 뒷받침하는 자료는 전혀 존재하지 않는다. 그러니까 위의 문헌은 단언컨대 켈리의 단순한 추측, 또는 공상이다. 애당초 그의 카렘 평전에는 상상의 산물이라고 여겨지는 기록이 적지 않고 따라서 오류도 상당히 많다. 카렘의 가게가 있었던 장소에 대해서도 '새롭게 재개발된 라페 거리'라고 기록되어 있는데 당시 이 일대는 재개발된 사실이 없다. 또한 거리의 이름도 라페 거리가 아닌 나폴레옹 거리라고 불렸다. 1814년에 나폴레옹이 실각하고 거리의 이름이 라페로 바뀐 것이다.

페레의 기록은 어떨까? 유감스럽지만 이것 역시 옳지 않다. 증거를 살펴

보자.

"어디에서 어떤 방식으로 식사했는가?"

"메오라는 가게에서 먹었지. 식사는 이런 식이었어. 나에게 제공된 것은 계관(닭의 볏)과 어육을 넣은 볼로방, 닭고기 프레토, 즉석 갈비 요리, 트뤼프가 들어간 메추라기 스튜, 고등어, 훌륭한 콩 요리, 거기에 보른 와인(Borne Wine)을 곁들였어."

이것은 혁명력 8년, 즉 1800년대에 출판된『철학 및 문학, 정치의 열흘』이라는 책의 한 구절이다. 메오란 당시 가장 인기가 높았던 고급 레스토랑의 이름으로, 이 문장을 통해 1800년에는 메오에서 볼로방이 제공되었다는 것을 알 수 있다. 1800년이라고 하면 카렘의 나이 겨우 16~17세. 이미 일류제과점에서 책임 있는 지위에 올랐다고는 하나, 요리의 세계에서는 아직 무명 파티시에 중 한 사람에 불과했다. 그런 젊은이가 창작한 지 얼마 안 된 요리를 메오와 같은 고급레스토랑의 메뉴에 올린다는 것이 과연 가능했을까? 이 자료만으로도 켈리의 설이 틀렸다는 것은 분명하다.

혁명력 5년(1797년)에 나온『비평의 주일』이라는 책에는 이런 문장도 있다.

"웨이터, 소고기!"

"손님, 소고기 말씀이신가요? 와인은 어떻게 할까요?"

"본 와인(Beaune Wine)을 부탁하네. 그리고 베사멜과 볼로방. 웨이터, 내가 하는 얘기를 듣고 있는가?"

실제로 볼로방이라는 퓌이타주를 사용한 요리는 훨씬 이전부터 알려져 있었다. 그런데도 왜 켈리나 페레는 볼로방을 카렘의 창작이라고 믿었던 것일까? 그들뿐만이 아니다. 현재의 많은 요리역사학자나 저널리스트들이 다양한 논문이나 기사, 에세이, 칼럼에서 잘못된 기록을 되풀이하고 있다.

혹시 볼로방이라는 매력적인 이름 탓일까? '볼로방(Vol-au-vent)'은 '바람(vent)에 날아가다(vol)'라는 의미이다. 얇게 벗겨지는 가벼운 그 만듦새를 보고 붙여진 이름일 것이다. 바람에 흩날릴 정도로 가벼운 과자. 얼마나 멋지고 시적인 정취가 넘치는 이름인가. 그런 이름을 떠올릴 수 있는 것은 위대한 예술가이기도 했던 카렘 같은 천재만이 가능한 일이었을 것이다. 카렘이 그만한 실력과 품격을 갖추었다는 것은 확실하니까 말이다.

사실은 에클레르와 달리 '볼로방의 창작자 = 카렘' 설에는 뚜렷한 출발점이 있다.

19세기 후반부터 20세기 초반에 걸쳐 요리의 세계에 큰 발자취를 남긴 조세프 파브르는 4권에 달하는 『실용요리대사전(Dictionnaire Universel de Cuisine Pratique)』의 편집자로 알려져 있다. 그는 이 사전의 볼로방 항목에서 그 기원에 대해 재미있는 에피소드를 소개한다.

페이스트리를 완전한 것으로 만들기 위해 항상 노력했던 카렘은 어느 날 타르트와 프티파테를 만들다가 한 가지 아이디어를 떠올렸다. 띠 형태로 만든 반죽을 말아서 테두리를 만드는 것이 아니라, 그저 푀이타주의 표면에 원형의 칼자국을 넣는 것만으로 덮개 부분을 만들어 낼 수 있지 않을까 생각한 것이다. 그는 그것을 다른 파티시에들에게 얘기하지 않고 푸르니에(오븐 담당자)에게 그가 특별히 표시한 타르트를 주의 깊게 지켜보도록 지시했다.

그런데 갑자기 푸르니에가 외쳤다.

"앙투안, 바람에 휘날리고 있어! (Elle vole au vent!)"

카렘은 오븐 안을 들여다보고는 깜짝 놀랐다. 새로운 아이디어를 가미한 타르트는 탑처럼 높이 솟았고 그 윗부분이 한쪽으로 기울어져 금방이라도 쓰러질 듯했다.

"좋아, 좋았어." 그는 말했다. "이 녀석을 똑바로 세울 수 있는 방법을 알아낼 거야." 카렘은 이것이 반죽 접는 횟수가 부족한 탓이라고 결론지었다. 반죽을 올바른 방법으로 늘이지 않았던 것이다. 그는 그것을 개선했고 이렇게 해서 볼로방이 탄생했다.

마치 그 자리에 있었던 것처럼 현장감 넘치는 묘사이다. 파브르는 요리업계의 조직화에 힘썼으며 당시 요리사나 파티시에에게 절대적인 영향력을 떨치고 있었다. 그런 그가 이렇게까지 확실하게 기술하고 있으므로

구페의 『파티스리 책』에 삽입된 색판인쇄된 볼로방 그림

구페의 『파티스리 책』에 삽입된 굽기 전의 볼로방 그림.

구페의 『파티스리 책』에 삽입된 구워낸 후의 볼로방 그림.

이 에피소드가 그대로 사실로 받아들여지는 것도 이상한 일은 아니다.

파브르 본인이 이 얘기를 창작한 것인지 또는 그 이전부터 있었던 얘기를 다소 각색해서 소개한 것인지는 알 방법이 없다. 어쨌든 이것이 그 후에 '볼로방 창작자 = 카렘' 설의 원점이 된 것은 틀림없다. 정설이라는 것은 생각보다 무책임한 것이다.

밀푀유는 나폴레옹？

엠마뉴엘 페레에게는 미안한 얘기지만 밀푀유 역시 카렘이 창작한 것은 아니다. 페레도 아마 카렘이 밀푀유의 창작자가 아니라는 것을 알고 있었을 것이다. 카렘 이전의 오래된 요리서에 이 과자를 만드는 방법이 몇 가지나 기록되어 있다는 것은 요리역사 전문가들 사이에서는 거의 상식이기 때문이다. 그럼에도 불구하고 카렘의 위력에 판단력이 흐려져 버린 것이다. 어찌되었든 페레의 명예를 위해서라도 이 정도로 해두자.

파트 푀이테(Pâte feuilletée)를 사용한 페이스트리는 볼로방보다는 밀푀유 쪽이 더 대중적일지도 모른다. 볼로방은 요리의 카테고리에 넣는 경우가 많은 데 비해, 밀푀유는 단순히 과자라고 여겨지기 때문이다. 적어도 지금은 그렇게 알고 있는 사람이 대부분이 아닐까? 19세기 중반까지는 가토 드 밀푀유라고 불렸기 때문에 이것이 예전부터 파티시에의 영역이었던 것도 확실하다. 그러나 볼로방이 그렇듯이 밀푀유도 원래는 요리와 과자의 경계선에 있었다. 그리고 아마도 그 역사는 볼로방보다 훨씬 오래되었을 것이다.

인쇄된 것 중 가장 오래된 밀푀유의 레시피는 라 바렌의 『프랑스 요리사』에 실린 것으로 이것은 1651년에 출판되었다. 하지만 이 유명한 요리서의 고전 속에 밀푀유라는 이름의 과자가 등장하는 것은 아니다. 단, 밀푀유의 반죽인 파트 푀이테(이

현대의 밀푀유

시대의 표기로는 파스트 푀이테 Paste fueilletée)에 대한 기록이 남아있다. 또한 같은 저자가 쓴 『프랑스 파티시에(Pâtissier françois, 1653)』에서는 가토 드 푀이테라는 품명도 찾아볼 수 있다. 이러한 것으로 미루어봤을 때 밀푀유의 원형이 되는 과자가 이 시대에 이미 존재했다고 결론지어도 무방할 것이다.

밀푀유라는 이름이 언제쯤 출현했는지는 확실하지 않다. 다만 1691년에 쓰인 프랑소와 마샤로의 『궁정과 부르주아의 신요리사』에는 그 이름이 없으며, 1739년에 출판된 메논의 『신요리 개론』에는 가토 드 밀푀유(Gâteau de mille-feuille)라는 이름이 등장한다. 이것으로 봐서 17세기 후반부터 18세기 초반에 걸쳐 이 과자의 이름이 생겨났다고 추론해도 좋을 듯하다. 또한 1742년에는 라 샤펠도 『현대 요리사』 제2권에서 가토 드 밀푀유의 상세한 제법을 싣고 있으므로 18세기 중반까지 이 이름이 요리사나 파티시에 사이에서 정착되었다고 여겨진다.

상세한 이야기는 이 정도로 해두자. 밀푀유와 관련해 카렘의 이름이 거론

카렘의 『파티시에 로얄 파리지앵』 속의
가토 드 밀푀유 모데른.
이 어디가 현대풍(모데른)이란 걸까?

VOL-AU-VENT A LA FINANCIERE.

카렘의 제자 중 한 명이었던
프란차텔리의 『요리가이드』에
삽입된 볼로방 피낭시에.

되는 것은 아마도 그의 저술 중에 옛날식과 현대식 두 종류의 밀푀유를 대비해 다룬 것이 있어서인 듯하다. 이런 이유로 카렘이 케케묵은 밀푀유를 개량하여 현대적인 페이스트리로 만든 공로자라고 간주되고 있다. 그러니 카렘은 밀푀유의 창작자가 아니라 개혁자인 것이다. 그렇게 주장하는 전문가도 실제로 적지 않다.

하지만 여기 카렘 본인이 직접 데생한 밀푀유의 도판을 잘 봐주길 바란다. 이 과자의 어디가 현대식이란 말인가? 오히려 꽤 고풍스럽지 않은가? 생각해 보면 카렘의 일터는 주로 귀족 등 부유층의 저택에서 열리는 대규모

만찬회였다. 그러한 식탁에서는 미각뿐만 아니라 화려하고 사치스러운 장식성이 요구된다. 그것은 이를테면 앙시앙 레짐의 전통에 의해 유지된 고전적인 요리 스타일이었다. 역사의 산물이라고 할 수 있는 이런 향연 요리를 어떻게 변형하면 현대식이 된다는 것일까? 카렘 같은 천재라 할지라도 그것은 터무니없이 어려운 일임이 틀림없다.

한편, 현대의 밀푀유는 프랑스뿐만 아니라 여러 나라에서 제과점 쇼케이스를 장식하고, 레스토랑의 메뉴를 풍성하게 하고 있다. 그런데 흥미롭게도 그 이름은 나라별로 다르다. 예를 들면 영국이나 호주에서 밀푀유는 '바닐라 슬라이스'라 불리고 독일에서는 '크렘쉬니테', 미국을 비롯한 넓은 지역에서는 '나폴레옹'이라 불리는 경우도 많다.

그런데 왜 미국에서는 밀푀유가 나폴레옹이 된 것일까? 그 이유는 정확히 밝혀지지 않았다. 밀푀유와 나폴레옹은 전혀 관계가 없지만, 단순히 미국인이 프랑스를 연상했을 때 떠오르는 단어 중 하나가 나폴레옹이었을지도 모른다. 나폴레옹이 밀푀유를 좋아한 사실도 없고, 나폴레옹의 측근으로 미식가이기도 했던 탈레랑이 집안 사람이라고도 할 수 있는 카렘에게 밀푀유를 만들게 해서 황제에게 진상했다는 얘기도 들은 적이 없다.

그런데 한 가지 단서가 될 만한 오래된 레시피가 있다. 1845년 프랑스에서 출간된 『오피스개론』이라는 책에 게재된 것으로, 그 과자의 이름이 '가토 나폴리탄'이다. 만약을 위해 미리 말해두자면 이 책 이름 중의 오피스라는 것은 회사원이 일하는 오피스가 아니다. 당시 대규모 주방에서는 요리사가 조리하는 퀴진(주방)과 별도로 식탁의 연출을 준비하거나 디저트를 준비하는 오피스란 섹션이 따로 있었다. 그곳은 파티시에의 주된 작업장이었다.

어쨌든 이 책에 쓰인 가토 나폴리탄을 만드는 법은 다음과 같다.

우선 파스타플로르 반죽을 1.5mm 정도의 두께로 늘리고, 표면에 달걀을 바르고 슈거파우더를 뿌린 다음 지름 5cm의 원형으로 오려낸다. 그리고 그 것을 버터 바른 종이 위에 놓고 구워낸다. 그 다음 표면에 살구 마멀레이드 를 발라 4장, 또는 5장 겹치고 맨 윗면에 글라스 로열을 바른다.

파스타플로르란 지금도 남미지역에서 파스타플로라라는 이름으로 유명 한 과자이다. 그러나 과자 이름에서 알 수 있듯이 원래는 이탈리아가 발상 지이다. 기본이 되는 반죽은 아몬드가 들어간 쿠키 타입으로, 이 반죽으로 만들어서 가토 나폴리탄(나폴리는 물론 이탈리아의 유명한 관광지)이란 이 름이 붙여졌다고 여겨진다. 그 반죽을 아주 얇게 늘여 구운 다음 살구잼을 바르고 4, 5장 겹치기 때문에 반죽이 푀이타주는 아니지만 거의 밀푀유과 같다고 생각해도 무방하다. 실제로 이 책의 레시피 끝부분에는 이런 구절 도 있다. '이것은 밀푀유라고 불리는 과자를 본뜬 장르에 속한다.'

나폴리탄과 나폴레옹. 이 소리의 유사점에 주목하길 바란다. 이 유사점 과, 가토 나폴리탄과 밀푀유 모양의 유사점은 아무래도 관련이 있는 듯하 다. 아니, 분명히 관련이 있음에 틀림없다. 나폴리탄이라는 평범한 과자이름 이 미국에서 나폴레옹이라는 임팩트 있는 이름으로 바뀌었고, 가토 나폴 리탄의 본가라고 할 수 있는 밀푀유 그 자체를 가리키게 되었다는 것이 거의 확실하다고 생각된다.

앞에서 언급한 『실용요리인사전』 중에도 파브르가 후에 밀푀유의 설명에 이런 주석을 달았다. '이 과자는 파트 플로르로도 만들 수 있다. 그러나 이 경우 과자이름은 특별히 가토 나폴리탄이라고 불린다. 장식, 반죽, 속재료, 이름이 붙여진 환경이 어떻든 간에 그것은 나에게는 아무래도 상관없는 일이다. 내가 여기에 쓴 것이야말로 진정한 밀푀유이다.'

파브르는 아무래도 가토 나폴리탄을 밀푀유로 인정하지 않았던 듯하다.

푀이타주의 고향

그렇다면 볼로방이나 밀푀유에 사용되는 푀이타주는 언제, 어디서, 누구에 의해 만들어진 것일까? 이것에도 숱한 설이 있어 확실한 것은 알 수 없으나 가장 대중들에게 인기 있고, 각종 자료에 곧잘 소개되는 것은 역시 클로드 줄레설일 것이다.

클로드 줄레는 루 로랭이라는 별명으로도 불렸는데 17세기 프랑스를 대표하는 유명한 화가였다. 그 유명인이 푀이타주의 발명자라고 하니 모두 달려드는 것

CLAUDE GELÉ, dit LE LORRAIN
Pâtissier et peintre.

C'est à la fin de son apprentissage qu'il trouva en 1615 le feuilletage par un essai de pâte à pain tourré avec du beurre.

피에르 라캉의 『과자의 역사적·지리적 비망록』에 실린 클로드 줄레의 초상화

15. — Feuilletage. — 1ʳᵉ opération.

16. — Feuilletage. — 2ᵉ opération.

17. — Feuilletage. — 3ᵉ opération.

구페의 『파티스리의 책』에는
푀이타주 접는 법이 그림으로 실려있다.

도 무리는 아니다. 클로드 줄레는 젊은 시절에 파티시에 수업을 받았다. 이것은 잘 알려진 사실이다. 하지만 이 다음부터는 설이다.

견습생 기간이 끝나가던 1615년, 그는 팽 트레를 개량하기 위해 반죽과 버터를 조합하면서 끊임없는 시행착오를 반복했다. 그러던 어느 날, 거듭되던 실패를 거쳐 우연히 완성된 반죽은 그때까지 없었던 풍미와 식감을 가진 것이었다. 그는 만족감을 느꼈고 그 새로운 반죽에 '푀이타주'라는 이름을 붙였다.

과자 역사가로 유명한 파티시에 피에르 라캉은 1863년에 낸 『과자의 역사적·지리적 비망록』이라는 책에서 줄레의 초상화와 함께 이 에피소드를 소개했다. 어쩌면 줄레 설을 세상에 퍼뜨린 장본인이 라캉이었을지도 모른다. 물론 라캉은 에피소드의 근거가 되는 문헌을 제시하지 않았기 때문에 그 진위에 대해서 이 이상 알아보는 것은 불가능하다.

또 다른 설에 의하면 푀이타주의 발명자는 콩데 공(公)의 파티시에로 일했던 푀이에(Feuillet)라고 한다. 하지만 유감스럽게도 푀이에 씨가 실존했다는 증거는 어디에도 없다. 16세기 이탈리아에서 프랑스로 시집온 카트린 드 메디치가 푀이타주를 가져왔다는 설도 있다.

그런데 푀이타주와 닮은 과자는 프랑스뿐만 아니라 전 세계 각지에 존재해 왔다. 그것들이 서로 섞이고 개량을 더해가면서 프랑스로 넘어가 현재의 푀이타주로 완성되었다는 것이 그나마 앞의 이야기들보다는 무리가 없는 설명일 것이다. 예를 들면 터키를 중심으로 한 아랍 각국에서 만들어지고 있는 바클라바는 푀이타주의 원형 같은 반죽이다. 시대를 거슬러 올라가 고대 그리스나 로마, 비잔틴 등에서도 비슷한 반죽이 있었다.

흥미롭게도 중국에서도 비슷한 반죽이 먼 옛날부터 존재해 왔다. 중국 과자의 기본적인 반죽에 수피(酥皮)라는 것이 있다. 이것은 밀가루에 라드와 물을 섞어 반죽한 유피(油皮)와 밀가루에 라드만 넣고 물은 넣지 않은 유수(油酥)를 교대로 겹쳐서 늘인 것으로, 이것을 구우면 층이 진 바삭한 식감을 얻을 수 있다. 그렇다. 이것이 바로 푀이타주다. 그리고 중국의 중추(음력 8월 15일) 무렵의 행사과자로 잘 알려진 월병도 이 수피를 사용해서 만든다.

자, 그럼 이 수피가 실크로드를 통해 중동에 전해졌고 바클라바 같은 과자로 변모한 후 십자군 원정 등에 의해 유럽에 반입되었고 결국에는 뛰어난 파티시에의 손을 거쳐 푀이타주로 승화되었다는 가설은 어떨까? 허풍을

떤다고 나무랄지도 모르겠지만, 중국과 유럽이 같은 땅으로 잇닿아 있었다는 것을 상기하길 바란다. 사실 과자뿐만 아니라 그런 예는 얼마든지 있다. 이 가설을 단순하고 엉뚱한 망상에 지나지 않는다고 누가 단언할 수 있을까? 물론 단순하고 엉뚱한 망상일 수도 있다.

그 뿌리가 어디든 푀이타주가 마지막으로 프랑스에 당도해 그곳에서 엄청난 발전을 이룬 것은 우리에게 축복이다. 덕분에 19세기부터 20세기에 걸쳐 푀이타주를 사용한 맛있는 과자가 잇달아 탄생했고 우리는 그 과자들을 맛볼 수 있게 되었다.

푀이타주로 만든 명과는 수없이 많다. 잠깐 떠올려 본 것만으로도 팔미에, 피티비에, 푀이 다무르, 푀이앙티누, 사크리스탕, 퐁네프, 콩베르사시옹, 미를리통 등 정말로 끝이 없다.

그 중에서 약간 수수하지만, 꽤 맛있는 명과를 하나 소개할까 한다. 과자의 이름은 '잘루지(Jalousie)'. 장방형 푀이타주에 사과 같은 과일을 얹고 그 위에 다시 장방형 푀이타주를 덮은 다음 표면에 칼자국을 넣어 구운 프티가토이다.

'잘루지'라는 말을 프랑스어 사전에서 찾아보면 두 가지 의미가 적혀 있다. 하나는 '질투, 시기'다. 영어의 'jealousy'는 이 프랑스어에서 유래한 것이다. 또 하나는 '셔터, 블라인드'이다. 과자 잘루지를 살펴보면, 이 이름이 두 번째 의미에서 따왔다는 것을 단번에 알 수 있다. 역시 프랑스인이다. 상당히 세련된 명명이지 않은가?

그런데 왜 블라인드라 하지 않고 굳이 잘루지라 말하는 것일까? 이 점에 관해서는 명쾌하게 답해 줄 사전은 없는 듯하다. 그다지 신용할 수 없으나 떠도는 설로는 이러한 것이 있다.

한 아내가 남편의 외도를 의심하고 증거를 잡기 위해 심야에 남편이 만나는 여자의 집으로 갔다. 하지만 집 안에는 들어갈 수가 없어서 주위를 살피던 중에 불이 켜진 창문을 발견했다. 당연히 몰래 안을 들여다봤다. 창문에는 블라인드가 내려져 있어 그 틈으로 안의 상황이 아주 조금 보였다. 누군가 뭔가를 하는 것 같지만, 무엇을 하는지는 알 수가 없었다. 보일 듯 보이지 않는 블라인드. 어중간하게 시야를 가로막는 블라인드 때문에 아내의 질투심은 점점 심해질 뿐이었다.

이렇게 해서 블라인드와 질투가 연결되었다는 것이다. 이것은 이른바 속설, 삼류주간지의 기사 같은 것이다. 하지만 꽤 정곡을 찌르는 의견이라는 건 인정한다. 과자 잘루지에 적용해 보자. 푀이타주 표면의 칼자국 안을 들여다보자면 거기에 들어있는 과일이 사과인지, 살구인지 보일 듯 말 듯하다. 이것이 한층 더 상

잘루지. 틈으로 엿보고 싶어지지 않는가?

상력을 자극해 빨리 먹고 싶은 충동을 불러일으킨다.

이렇듯 잘루지란 이름은 단순한 듯하면서도 의외로 심오하다. 이 과자의 이름을 지은 사람이 누구든 간에 그것까지 계산한 것이라면 그 센스에 감탄을 금할 수가 없다. 혹시 한밤중에 잘루지 틈을 엿본 경험이라도 있었던 걸까? 어차피 지금은 아무래도 상관없는 일이지만 그런 이름을 짓게 된 이유가 무척 궁금하다.

Episode 07

자허토르테

Sachertorte

1910년에 우리 부모님은 '젊은 메달다스'의 초연을 관람하기 위해
빈에 가셨다. 이번 여행의 숙소는 자허 호텔이었다. (중략)
많은 객실을 보유한 유서 깊은 호텔의 여주인이자 전선로 통하는
자허 부인은 굵은 시가를 즐기는 묘한 습관을 지닌 인물이었다.
그녀는 검은 실크 드레스에 큰 곱슬머리 가발을 쓰고 멋진 강아지의 재롱을
감상하며, 매일 호텔의 객실과 레스토랑을 구석구석 둘러보았다.
정세가 불안한 지금 같은 시기에도 자허 호텔은
그 유명한 자허토르테와 더불어 최상의 소고기를 제공했으며
모든 웨이터는 숙련된 노장과 같이 손님을 대접했다.

*

브리지트 피셔 『우리 유럽의 유산』 중에서

자허 가문의 두 개의 야심

파리와 나란히 과자의 보고라고 할 수 있는 빈. 13세기부터 20세기까지 650년에 걸쳐 유럽 전역에 절대적인 영향력을 끼친 합스부르크 제국의 수도로, 이 융성한 대도시에서는 그 화려한 역사의 막간에 수많은 명과를 만들어 냈다. 그중에서도 자허토르테는 탄생에 얽힌 이야기를 비롯해 다양한 화제를 낳았다는 점에서 확실히 빈을 대표하는 걸작이라고 해도 무방할 것이다.

전 세계 초콜릿 과자 중 가장 유명한 자허토르테는 진한 초콜릿 스펀지를 깊은 맛의 초콜릿 글레이즈로 덮은, 지극히 심플한 제품이다. 이것은 보존성이 높고 장거리 운송이 가능하다는 특성 때문에 해외로 활발하게 수출되었으며 빈이나 오스트리아뿐만 아니라 세계 각지에 열렬한 팬을 보유

Viena Capellanes의 자허토르테
ⓒTamorlan

하고 있다.

　그러나 흥미롭게도 맛에 관해서는 나라별로 평가가 갈리며 일정하지 않다. 예를 들면 유럽의 많은 나라, 그중에서도 영국이나 프랑스에서는 맛있지만 다소 단맛이 강하다고 느끼는 사람이 적지 않다. 확실히 초콜릿 스펀지만으로도 꽤 진한데 그것을 덮고 있는 글레이즈는 끈적끈적하게 혀에 달라붙는 단맛이다. 그래서 자허토르테는 누벨퀴진 이래 담백한 맛에 길든 현대 프랑스인이나 영국인의 미각에는 너무 달다고 느껴질지도 모른다.

　그러나 미국인의 반응은 그 반대이다. 자허토르테를 먹어 본 미국의 미식가들 대다수는 초콜릿의 진한 풍미에는 만족하면서도, 약간만 더 달면 좀 더 완벽한 과자가 되었을 것이라며 그 부족한 단맛을 아쉬워한다.

　이렇게 전 세계인의 입맛을 사로잡은 자허토르테는 그 유명세만큼이나 수많은 에피소드를 만들어냈다.

　『라루스 가스트로노미크(라루스 요리사전)』의 영어판 신판(2001년)에는 자허토르테에 관한 이런 설명이 있다.

　'유명한 빈의 과자로, 메테르니히 재상의 요리장이었던 프란츠 자허가 빈 회의(1814~1815년) 즈음에 창작했다.'『라루스 가스트로노미크』는 권위 있는 사전이지만, 이 설명은 형편없다. 왜냐하면 프란츠 자허가 태어난 것은 1816년 12월 19일 즉, 빈 회의보다도 나중의 일이기 때문이다. 아무리 천재라 할지라도 아직 태어나지도 않은 채 과자를 창작한다는 건 적어도 우리가 사는 이 세계에서는 있을 수 없는 일이다.

　한편 권위 있는 영국의 옥스퍼드대학 출판국에서 출판한『옥스퍼드 식품편람(Oxford Companion to Food, 1999년)』의 설명은 다음과 같다. '유명한 오스트리아의 과자로 독일어권 여러 나라에서 축제 즈음에 먹는다. 이것을 최초로 만든 것은 메테르니히 재상의 요리장이었던 프란츠 자허이며 1832년의 일이다.'

위의 기록처럼 1832년에 프란츠 자허가 자허토르테를 창작했다는 것이 오늘날 정설로 통한다. 서적이든 웹사이트든 자허토르테에 관해 쓰인 자료의 설명 대부분이 이 기록을 근거로 하고 있다. 그중에는 프란츠 자허의 신분을 메테르니히의 요리장이 아니라 그 밑에서 일하는 요리사로 기록한 것도 있지만, 창작자가 프란츠 자허라는 점과 1832년이라는 창작 시기는 확고한 사실처럼 보인다.

우선 사소한 것부터 검증해 보자. 프란츠 자허는 메테르니히 재상의 요리장이었다고 한다. 이것을 확인하는 데는 창작시기, 즉 1832년이라는 해가 관건이다. 앞에서 서술한 바와 같이 프란츠 자허는 1816년 12월생이다. 즉 자허토르테를 창작했다고 하는 1832년에는 그의 나이가 아마 16살도 되지 않았을 것이다. 아무리 이 시대의 파티시에나 퀴지니에(요리사)가 어릴 때부터 수습을 시작했다고 해도, 한 나라 재상의 요리장이란 중책을 15살의 소년에게 맡긴다는 것은 상상할 수도 없다.

다음 검증으로 옮겨가 보자. 자허토르테는 1832년에 창작되었다고 한다. 여기에서 문득 떠오르는 것은 크레프 쉬제트와 그 창작자로 여겨지는 앙리 샤르팡티에다. 샤르팡티에는 그 유명한 디저트를 우연히 창작했다고 스스로 회고록에 적고 있는데 그것이 16살의 일이라고 한다. 이것에 반론을 제기하는 논자는 연령이 너무 낮다는 것을 문제로 삼고, 16살의 소년이 영국 황태자의 곁에서 단독으로 식사 시중을 드는 일이 가능한지에 대해 의문을 드러낸다. 이 의문을 다시 한 번 되풀이해 보자. 과연 15살의 소년이 메테르니히 재상을 위해 자허토르테를 창작했다는 것이 있을 수 있는 일일까?

프란츠 자허(1816년~1907년)

이 질문에 대답하기 전에 1832년 설이 무엇을 근거로 제시된 것인지, 그에 관해 언급할 필요가 있을 것 같다.

이 근거로 여겨지는 것은 1888년 날짜가 적힌 에두아르트 자허, 즉 프란츠의 아들이 썼다고 하는 편지의 한 구절이다. 그 편지의 내용은 다음과 같다.

"자허토르테는 지금도 생존해 계신 아버지가 창작한 것입니다. 아버지는 모든 요리기술을 습득한 메테르니히 공의 주방에서 그 과자를 만들어 냈습니다. 지금으로부터 56년 전에 자허토레테를 선보였을 때, 그것은 참석자들에게 칭송의 대상이 되었고 아버지는 메테르니히 공에게 크게 칭찬을 받았습니다."

이 편지로 보아 프란츠 자허가 1832년에 메테르니히 공을 위해 자허토르테를 창작했다는 것은 의심할 여지가 없는 것처럼 보인다.

그러나 먹을거리의 역사를 전문으로 하는 마이클 크론들은 저서 『스위트 인벤션(Sweet Invention, 2011)』에서 이것에 큰 의문이 있다고 지적한

1890년의 호텔 자허. 이 무렵 호텔의 이름은 아직 'Hôtel de l'Opéra'였다.
이후 창설자의 이름을 따 바꾼 것이다. 1층에 에두아르트 자허의 이름을 붙인
레스토랑이 있으며 여기에서 자허토르테가 제공됐다.

다. 1906년 12월 20일 자(字) 일간 신문 『노이에스 비너 타크블라트(Neues
Wiener Tagblatt)』에는 프란츠 자허의 90세 생일을 기념하는 그의 인터뷰
기사가 게재되어 있다. 그 기사에서 프란츠는 자허토르테를 언급하며 그것
을 창작한 것은 1840년대 후반이었다고 시사한다.

메테르니히 공의 자산관리인이었던 아버지의 조언으로 프란츠는 1830년

경에 메테르니히 공의 주방에서 일하게 된다. 거기에서 2년 남짓 수습생으로 일한 다음 그는 그곳의 일을 그만두고 에스터하지 백작부인의 주방을 맡고 있던 프랑스인 셰프, 앙페르의 밑으로 간다. 그 후 일족의 다른 백작 밑에서 일을 하고 있을 때 그의 요리가 실업가이기도 한 그라페네크 백작의 눈에 띄었다. 백작은 세르비아의 블라티스라바에서 카지노를 운영하고 있었으며 프란츠가 카지노 주방에서 실력을 발휘할 수 있도록 기회를 주었다.

아직 20대로 야심만만했던 프란츠는 그 기회를 놓치지 않았다. 그는 블라티스라바에서 카지노 레스토랑의 요리를 담당하는 한편, 그 일대의 케이터링(출장요리) 서비스에도 힘을 썼다. 잘 부서지지 않고 보존성이 뛰어나 케이터링에 적합한 자허토르테를 창작한 것은 그 무렵의 일이었다.

크론들은 이것이 90세가 된 프란츠 자허가 인터뷰에서 회상한 진실이라고 쓰고 있다. 실제로 프란츠는 장기간에 걸쳐서 블라티스라바와 부다페스트 등 외국 도시에 머물렀으며 빈에 돌아온 것은 1848년의 일이다. 때문에 프란츠 자신이 자허토르테를 창작했다고 밝힌 1840년대 후반은 그의 경력으로 봤을 때 사실일 가능성이 크다. 적어도 15세의 소년이 메테르니히의 요청으로 자허토르테를 만들었다는 것보다는 설득력이 있는 이야기이다.

그렇다면, 1888년 프란츠의 아들인 에두아르트의 편지는 대체 무엇일까? 이에 관해서는 크론들이 중요한 지적을 한다. 이 편지는 「빈정보(Wiener Zeitung)」라는 정부홍보지의 1888년 5월호에 게재된 칼럼에 대응해 쓰인 것이라고 한다. 그 칼럼에는 빈의 온갖 지역 명물이 리스트업 되어 있었는데, 웬일인지 자허토르테는 빠져 있었고 그것을 에두아르트는 참을 수 없었던 것이다. 그런데 기묘한 것은 「빈정보」의 1888년 4, 5, 6월호 어디에도 그런 칼럼은 찾아볼 수 없다는 것이다. 그뿐만이 아니다. 에두아르트가 썼다는 편지의 실물이 지금까지 전혀 확인되지 않았다. 이것은 대체 무엇을 의미하는 것일까?

크론들은 이것이 모두 에두아르트가 만들어낸 선전용 스토리라고 추측하고 있다. 에두아르트는 요리사도, 파티시에도 아닌 순수한 경영자였다. 이 편지에 앞서 1876년에 그는 호텔 자허를 설립했으며 그 운영을 궤도에 올리기 위해 기를 쓰고 있었다.

지금과 달리 매스미디어가 발달하지 않았던 당시에는 화제를 일으켜 사람들의 입에 오르는 것이 가장 좋은 홍보방법이었다. 그런 에두아르트의 전략에 아버지가 창작한 자허토르테는 딱 들어맞았다. 아버지 프란츠가 메테르니히 공의 주방에서 일한 것은 명백한 사실이었고 메테르니히는 19세기 중반까지 전성기를 누린 오스트리아제국에서 제일 영향력 있는 인물이었다.

그러나 오스트리아제국도 19세기 중반 이후에는 차츰 세력이 쇠퇴하였으며 1866년 프로이센과의 전쟁에서 패배한 것을 계기로 독일연방 여러 나라에 대한 영향력을 단번에 잃고 말았다. 국력저하는 국민들의 사기를 꺾었으며 그 반동으로 국민들은 메테르니히 시절을 그리워하는 노스탤지어에 사로잡히게 되었다. 강한 오스트리아를 상징하는 위대한 지도자, 메테르니히. 옛날 유럽의 열강들마저 경의를 표한 그 이름에는 빈 시민들에게 힘과 용기를 주는 울림이 담겨 있었다. 에두아르트는 바로 이 점에 착안한 것이다.

아버지가 메테르니히 공(公) 곁에서 일했다면 공으로부터 손님을 대접하기 위해 맛있는 과자를 만들어달라는 요청을 받는 일도 있지 않았을까? 그것이 실제로 있었는지 여부는 아무래도 상관이 없다. 그에게 중요한 것은 아버지가 메테르니히 공의 요리사였다는 사실 자체였고 그 시기는 1832년이어야만 했다. 왜냐하면 프란츠는 그 이후 곧바로 메테르니히 공의 곁을 떠나버렸기 때문이다. 따라서 결과적으로 프란츠가 1832년에 자허토르테를 창작했단 스토리는 에두아르트의 의도에 의해 고쳐진 것이라고 할 수 있다.

"메테르니히 공이 사랑한 그 초콜릿 케이크야말로 우리 호텔의 스페셜리티입니다. 당신도 꼭 메테르니히 공이 맛본 이 과자를 우리 호텔에서 음미해 보는 건 어떨까요?"

생각했던 대로 에두아르트의 계획은 대성공을 거두었다. 그때까지 빈에서도 그다지 알려지지 않았던 자허토르테의 이름이 단숨에 퍼진 것이다. 그와 동시에 호텔 자허의 명성도 급속히 상승했다. 크론들의 추측이 맞는지는 알 수 없지만, 그 후의 결과를 보면 자허토르테가 호텔 자허의 성공에 기여한 역할은 한없이 컸다고 할 수 있다.

목적은 각각 달랐지만 같은 야심가였던 프란츠와 에두아르트 부자. 부자가 의도적으로 계획했는지는 별개로 하더라도 두 사람의 야심이 자허 가문의 성공이라는 하나의 목표 아래 훌륭하게 결속된 것만은 사실이다.

달콤한 전쟁

자허토르테는 20세기 들어 다시 한 번 유명해졌다. 그러나 이번에는 메

안나 마리아 자허(1859년~1930년).
두 마리의 자허 불리즈도 어엿하게 찍혀 있다.

테르니히와는 전혀 관계가 없는, 다른 원인에 의한 것이었다. 빈을 대표하는 이 초콜릿 과자는 아무 성과 없는 긴 법적 공방에 휘말렸다.

1892년 에두아르트 자허는 아버지 프란츠보다 먼저 사망했다. 그 일로 호텔 자허의 경영권은 에두아르트의 아내인 안나 마리아에게 넘어갔다. 안나 마리아 자허는 여러 의미로 유명인이었다. 남편의 뒤를 이어 호텔 경영에서 보여준 수완도 그녀의 존재를 돋보이게 했지만 사생활 면에서도 당시 여성으로서는 별난 취향이, 험담을 좋아하는 세상에 그럴듯한 화제를 제공했다. 마치 호텔 자허에 군림하는 여제라도 되는 양 전설을 키운 것이다.

그녀의 별난 취향 가운데 하나는 그녀가 끊임없이 피우던 시가로, 당시는 물론 지금도 시가를 즐기는 여성은 그다지 눈에 띄지 않는다. 19세기 말부터 20세기 초반에 걸쳐 빈의 사교계에서 주목의 대상이 되었을 거라는 것은 쉽게 짐작할 수 있다. 또 다른 하나는 두 마리의 소형 프렌치 불도그이다. 안나 마리아는 이 두 마리의 개를 '자허 불리즈(자허의 불도그들)'라고 불렀으며 그녀가 가는 곳에는 어디든 데려갔다.

세계적인 불황과 소리 없이 다가오는 전쟁의 그림자로 인해 세계정세는 불안에 가득 찼다. 그런 와중에도 안나 마리아의 운영 아래, 호텔 자허는 점점 그 빛을 더해갔다. 호텔의 주요 고객은 귀족이나 정부관료 등 소위 말하는 셀러브리티였다. 국내외를 불문하고 유명인사가 밤이면 밤마다 호텔 자허의 레스토랑에 나타나 빈에서 최고라고 일컬어지는 자허 호텔의 가스트로노미를 즐겼다. 또한 이 호텔은 정치와 외교상 중요한 역사적 무대로도 자주 이용되었다. 이는 그녀가 바라던 바였고 원래 그녀는 상류 사회에 대한 열망이 강했다.

그러나 얄궂게도 그 점이 오히려 자허가의 성공에 큰 그림자를 드리우는 원인이 되고 말았다. 그 징조는 셀러브리티가 아닌, 일반시민의 호텔 이용을 거부하였을 때부터 나타났다. 거기에 때마침 합스부르크 제국의 붕괴로 인한 불황이 호텔 자허의 쇠락에 박차를 가했다. 몰락한 귀족들은 더는 호텔 자허의 최고급 요리를 누릴 만한 여유가 없었으며 정치와 외교의 무대로 주목받았던 영광의 날들도 이미 과거의 일이 되어버렸다.

그러나 안나 마리아는 그런 궁핍한 상황에서조차 셀러브리티를 우대하는 방침을 바꾸지 않았고 경제적으로 궁핍한 귀족에게는 원조의 손길까지 뻗었다. 당연한 결과이겠지만, 1920년대 말 호텔 자허는 재정상 큰 문제를 떠안게 되었다.

그나마 안나 마리아에게 다행인 것은 호텔 자허의 재무적인 곤란을 해결하기 위해 스스로 노력할 필요가 없었다는 것이다. 그녀는 핍박한 재정을 우려할 새도 없이 1930년 2월에 숨을 거두었다. 그녀가 죽은 뒤 호텔 자허의 경영은 아버지와 같은 이름을 가진 아들, 에두아르트가 물려받았다.

여기까지가 자허토르테를 둘러싼 달콤한 전쟁의 서막이다. 그 후 드디어 50년간에 걸친 분쟁의 막이 오르게 된다.

에두아르트 2세는 호텔의 경영권과 함께 방대한 빚도 떠맡았다. 1934년에 호텔 자허는 파산선고를 받았으며 에두아르트는 자허 호텔을 두 사람에게 매각했다. 바로 변호사였던 한스 그리트라와 빈에서 호텔과 카페를 운영하고 있던 조세프 시라였다. 에두아르트는 호텔 자체는 팔았지만, 자허토르테에 관한 권리는 거기에 포함되어 있지 않다고 생각했다. 그러나 상대편 그리트라와 시라 측에서는 당연히 자허토르테에 관한 권리도 포함해서 호텔을 사들였다고 여겼다. 이런 두 생각의 차이가 긴 법정공방의 시작이 된 것이다.

에두아르트는 호텔을 매각한 것만으로는 부채를 완전히 청산할 수 없었기에, 자허토르테의 레시피와 그것을 사용할 권리를 빈에서 제일 유명한 고급과자점 데멜의 오너에게 양도했다.

이렇게 해서 빈에는 두 종류의 자허토르테가 등장하게 되었다.

사족이지만, 이 시기에 관해서는 여러 가지 소문이 뒤섞여 있으며 다소 혼란스러운 양상을 띤다. 예를 들면 이런 설도 있다. 에두아르트 2세가 데멜 오너의 딸과 결혼했으며 데멜의 딸이 자허토르테의 비법 레시피를 침대 위에서 얻어내려 했다는 것이다. 어쨌거나 그 결과 자허토르테의 레시피가 데멜의 손안에 들어갔다고 한다.

그러나 이것은 극단적인 속설이고 대부분 엉터리에 가깝다. 왜 이런 이야기가 생겨났는지 살펴보면, 두 명의 에두아르트 자허와 두 명의 안나가 뒤섞여 논자들에게 쓸데없는 혼란을 일으킨 탓이다. 에두아르트 2세가 자허토르테의 레시피를 팔았던 데멜의 당시 오너는 사실 여성이었으며 그 이름이 안나였다. 물론 안나 마리아와는 다른 사람이지만 확실히 혼동하기 쉬운 상황이다. 사람은 쓰라린 진실보다도 달콤한 거짓말을 좋아한다는 격언이 있는데, 이러한 속설은 요컨대 그 격언을 증명하는 적당한 예가 아닐 수 없다.

어찌 되었든 호텔 자허를 사들인 공동경영자 중 한 사람이 변호사였다는 사실을 상기해 보자. 한스 그리트라에게 법정 투쟁은 그의 장기이자 특기였다. 어찌보면 소송사건이 일어난 것은 필연적인 일이었다. 한스 그리트라는 호텔의 소송대리인이 된 다음 재판을 일으켰다. 이때의 쟁점은 오리지널이란 명칭을 어느 쪽에 부여할 것인가 하는 점이었다. 즉 '원조 전쟁'인 것이다. 이 재판은 1938년에 결심공판이 진행되었고 호텔 측에 유리한 판결이 내려졌다. 이후 데멜의 자허토르테는

1980년대 초반 데멜 매장 안에 진열된 과자.
맨 앞이 자허토르테.

시트 전체에 살구잼을 바르고 초콜릿 코팅을 한 것은 같지만 시트를 2단으로 나누어 살구잼을
샌드한 자허 호텔식(좌)과 1단 케이크로 샌드를 하지 않는 데멜식(우) 자허토르테

'에두아르트 자허토르테'라는 이름으로 팔리기 시작했다.

그러나 자허토르테를 둘러싼 재판은 제2차 세계대전이 끝난 후 1950년
대에 들어 다시 문제가 되었고 제2라운드가 시작되었다. 다만 이번 쟁점은
명칭의 오리지널리티가 아니라 과자 그 자체의 오리지널리티와 관련된 것
이었다.

이 재판은 수차례에 걸쳐 무려 40년 동안이나 계속되었다. 최종적인 결론
은 1993년에 이르러서야 내려졌다. 자허토르테는 지극히 심플한 과자인데
도대체 무엇을 결정하는 데 그렇게 엄청난 시간이 필요했던 것일까?

자허토르테를 구성하는 요소는 본체의 초콜릿 스펀지와 표면에 코팅한
초콜릿 글레이즈 외에 사실 하나가 더 있다. 바로 살구 잼이다. 바로 이 살
구 잼의 위치가 재판의 최대 쟁점이었다. 즉 자허 호텔의 자허토르테는 본
체를 2단으로 잘라서 살구 잼을 샌드하고 본체에 글레이즈를 끼얹는 것에

반해, 데멜의 자허토르테의 본체는 1단이며 표면 전체에 살구 잼을 바르고 그 위에 글레이즈를 끼얹었는다. 때문에 어느 쪽의 자허토르테가 프란츠 자허가 창작한 오리지널을 계승한 것인지 그것을 가리기 위해 재판에서 오랜 시간 싸운 것이다.

'뭐야, 시시하잖아!'라고 말할지도 모르겠다. 그러나 곁에서 보기에는 시시하게 보일지라도 당사자들에게는 사활을 건 문제였다. 왜냐하면, 자허토르테는 전 세계 여러 나라에서 연간 30~40만 개 이상 판매되는 제품이다. 그 비즈니스 규모의 거대함을 생각하면 고작 살구 잼이라고 말하며 간단히 끝낼 수는 없는 것이다.

몇 년에 걸친 법적 공방으로 재판소도 틀림없이 힘들었을 것이다. 재판관도 상당히 진절머리가 났던 모양인지, 최종적으로 내려진 판결은 승패가 확실하지 않은 것이었다. 결과적으로 호텔 자허의 자허토르테가 '오리지널'로 인정받았으며, 그 제품에 계속 '오리지널'이라는 명칭을 붙여도 된다는 판결을 받았고 데멜의 자허토르테도 '오리지널'이라는 명칭을 붙이지만 않으면 판매해도 상관없다는 판결을 받았다. 결국, 실질적으로는 재판하기 전과 달라진 게 아무 것도 없게 된 것이다.

지금도 빈에서는 두 개의 매장에서 자허토르테가 판매되고 있다. 호텔 자허의 공식 웹사이트에는 '오리지널' 자허토르테 전용페이지가 개설되었고, 거기에는 1832년에 메테르니히 공을 운운하는 잘못된 스토리가 사실인 것처럼 소개되어 있다.

한편 데멜의 공식 홈페이지의 설명에는 자허토르테에 관한 에피소드 같은 것은 전혀 없다. 다만 온라인 숍에 하나의 아이템으로서 데멜즈 자허토르테가 리스트업 되어 있을 뿐이다.

'오리지널' 자허토르테의 레시피는 지금도 호텔 자허의 지배인실 금고 속에 엄중히 보관되어 있으며, 극히 한정된 스태프 이외에는 그것을 볼 수 없다고 한다. 마치 국가의 군사기밀이라도 되는 것처럼 말이다.

그러나 그렇게까지 해서 호텔 자허가 지키려고 하는 것은 아마 레시피 그 자체는 아닐 것이다. 자허토르테는 지극히 심플한 과자이며 목숨을 걸고 지켜야 할 정도의 비법이 있다고는 도저히 생각되지 않는다.

사실 자허토르테의 레시피는 프란츠 자허가 살아있을 때부터 지금에 이르기까지 셀 수 없을 정도로 제과서적에 소개되어 왔었다. 그중에는 오히려 오리지널 자허토르테의 맛을 능가한다고 여겨지는 것도 적지 않다.

아마도 호텔 자허가 금고에 넣어 지키려고 하는 것은, 레시피 그 자체 보다는 오히려 '오리지널리티'와 '긍지'라는 추상적인 가치와 명예 때문일 것이다. 결국 그들이 긴 시간과 막대한 비용을 지불하고 획득한 것은 그것뿐이었다. 이렇듯 원조에는 원조 나름의, 다른 사람들은 전혀 이해할 수 없는 노고가 있다는 것일지도 모르겠다.

Episode 08

마들렌

Madeleine

어느 겨울날, 집에 돌아오니 엄마는 얼어붙은 나를 보고
내가 평소에는 마시지 않는 차를 권했다. 처음에는 사양했지만,
그 후 특별한 이유도 없이 나는 마음이 바뀌었다.
엄마는 부서지기 쉽고 오동통한, 프티 마들렌이라는 작은 과자를 내주었다.
그것은 순례자가 지니고 다니는 가늘고 긴 가리비 껍데기를
본뜬 듯한 모양을 하고 있었다. 이윽고 하는 일 없이 보낸 하루 뒤에 오는,
우울한 내일을 예감하며 권태를 느낄 때 나는 무의식 중에
스푼으로 과자를 차에 적셔 입으로 가져갔다. 따뜻한 음료와 과자가
혀에 닿은 순간, 나는 온몸에 전율을 느꼈다.

*

마르셀 프루스트 『잃어버린 시간을 찾아서』 중에서

작은 마을의 위대한 과자

오늘날 프랑스 과자는 종류도 풍부하고 미각적으로나 디자인적으로나 다양한 아이템이 판매되고 있다. 그래서 제과점 앞에서 무엇을 고를지 망설일 정도지만 19세기 중반 이전의 프랑스 과자만 해도 전혀 그렇지 않았다. 파리의 일류 제과점에서조차 가게 앞에 진열된 과자의 종류가 적었고 가게의 분위기도 화려하지 않고 단순한 편이었다. 그도 그럴 것이 당시 판매했던 제품들 대부분은 파테나 타르트, 탱발, 우블리 같은 구움 과자였고 이 과자들은 화려한 장식이 필요 없었다.

물론 그 무렵에도 프티푸르라는 종류가 있었고 이것은 오늘날 프랑스과자의 프티가토에 해당하는 것이지만 그 내용은 그리모 드 라 레니에르의 『식통연감』에 기술된 바와 같이 머랭과 제누아즈, 망케, 프로피트롤, 쇼콜라, 퓌이 다무르, 비스코트, 팡 아 라 뒤세스, 잘루지, 당 드 루, 쾨양틴 등 모두 구움 과자(가토 세크, gâteau sec) 계통이었다.

본래 파티시에가 '반죽(파트)을 다루는 사람'을 가리키는 말이고, 그 파티시에가 만드는 것을 '파티스리'라고 하는 걸 생각하면, 구움 과자만 만들던 것이 지극히 당연한 일이었다. 바꿔 말하면 이러한 구움 과자는 꽤 옛날부터 만들어 온, 프랑스 과자의 원형이라고 할 수 있다.

조개껍데기 모양을 한 현대의 마들렌.

프랑스는 새로운 것에 열광하는 반면 전통적인 문화도 소중히 여기는 나라이기 때문에 원래의 형태를 간직한 옛날 그대로의 프랑스 과자가 운 좋게도 아직 많이 남아있다. 그 대표적인 것이 마들렌이다.

마들렌은 18세기부터 유명해진 오래된 과자 중 하나이다. 그 유래에 관해서도 다양한 설이 존재하지만 어떤 것이 사실인지는 분명하지 않다.

마들렌은 제조법이 무척 심플한 과자이다. 기본적인 재료는 밀가루, 설탕, 달걀, 버터뿐이다. 약간의 변화는 있었지만, 재료나 제법도 200년 이상 거의 변하지 않았다. 변한 것이 있다면 외형인데 옛날 마들렌이 어떤 모양이었는지 명확하게 알 수 있는 자료가 남아있지 않기 때문에 이것에 관한 것은 어디까지나 추측에 지나지 않는다.

어쨌든 이 정도로 심플하다면 언제 어디서 누가 최초로 만들었다고 해도 이상하지 않을 것이다. 그럼에도 불구하고 마들렌은 대표적인 프랑스 과자로 그 이름이 두루 알려졌고, 그만큼 많은 전설도 전해지고 있다. 카렘의 서적『왕실의 제과인』에도 마들렌의 레시피가 실려 있다.

"작은 레몬 2개의 껍질을 설탕 덩어리로 간다. 이 설탕을 잘게 으깬 다음 적당량의 슈거파우더와 섞는다. 이것을 냄비(캐서롤)에 9온스 넣고, 체에 친 밀가루 8온스를 넣는다. 달걀노른자 2개와 달걀 6개, 브랜디 2 큰술, 소량의 소금을 넣고 주걱으로 섞는다. 반죽이 매끈해지면 1분간 더 섞는다. 작은 냄비에 10온스의 버터를 녹인 다음 잠시 두어 크라리피에(열을 가해 찌꺼기를 제거한 맑은 버터)로 만든다. 약간 식힌 다음 마들렌 틀 안쪽에 버터

를 바른다. 남은 버터를 앞에
서 만든 반죽과 섞고 마들렌
틀에 붓는다. 중불 오븐에서
25~30분 동안 굽는다."

유감스럽게도 여기에서 말
하는 마들렌 틀이 어떤 것인
지는 알 수가 없다. 단지 재료
와 제법은 현대식과 같다는
것을 알 수 있다. 『왕실의 제
과인』은 1815년에 출판된 책
으로 물론 마들렌은 그 이전

스타니슬라스 렉친스키의 초상

부터 있었다. 당연히 이 책의 저자 카렘이 창작한 것도 아니다. 마들렌의 유
래는 앞서 적은 바와 같이 다양한 설이 존재한다.

피에르 라캉에 의하면 탈레랑의 제과장이었던 아비스가 카트르 카르(파
운드 케이크)의 반죽에서 힌트를 얻어 19세기 초반에 창작하였으며, 이것
을 마들렌이라 이름 지었다고 한다. 그러나 이 과자는 실제로는 18세기 중
반에 이미 알려져 있었다. 즉, 이 설은 성립되지 않는다.

이쯤에서 현재 거의 정설이 되고 있는 또 하나의 유래를 소개하겠다.

1755년(일설에 의하면 1750년) 어느 날, 옛날 폴란드 왕이며 당시 로렌
의 왕이었던 스타니슬라스 렉친스키가 로렌 공국의 작은 마을 코메르시

에 체재하게 되었다. 스타니슬라스는 대식가이자 미식가로 유명한 인물이었다. 당연히 코메르시의 영주는 최상의 대접을 하기 위해 최고의 요리를 준비했다. 그러나 하필이면 디저트를 담당하는 파티시에가 병들어 디저트를 준비할 수 없게 되었다. 난처하게 된 영주는 궁여지책으로 마침 주방에 일을 도우러 온 농가의 아가씨에게 디저트를 만들도록 했다. 이윽고 연회는 종반에 다다랐고 스타니슬라스가 디저트를 먹게 되었는데 그의 표정이 순식간에 기쁨으로 넘쳤다. 그는 곁에 있던 급사장에게 디저트를 만든 파티시에를 부르도록 지시했다. 조금 지나 급사장이 데려온 것은 초라한 행색의 아가씨였다.

"네가 이것을 만들었느냐?" 놀라움이 담긴 어조로 스타니슬라스가 말을 걸었다.

"그러하옵니다." 아가씨가 대답했다.

"이것은 도대체 뭐라고 하는 과자인 게냐?"

"특별히 이름은 없사옵니다. 집안 대대로 전해지는 과자입니다."

스타니슬라스는 흥미진진하게 물었다. "너의 이름은 무엇이냐?"

"마들렌이라고 하옵니다." 아가씨가 공손히 대답했다.

스타니슬라스는 대답에 만족한 듯이 미소를 짓고는, 아가씨에게 이렇게 말했다.

"그렇다면 오늘부터 이 과자를 마들렌이라고 부르도록 하라."

이것은 어디까지나 설이다. 다른 설에 의하면 파티시에는 병으로 디저트를 만들 수 없었던 것이 아니라, 주인과 말다툼을 해서 주방을 멋대로 뛰쳐나갔던 것이라고 한다. 또 다른 설에 따르면 마들렌 양은 흔한 시골 아가씨가 아니라 마들렌 폴미어라고 하는 코메르시성의 버젓한 요리사였다고 한다.

이렇듯 이야기가 애매한 이유는 그저 전설이기 때문이다. 어쨌든 코메르시가 마들렌의 발상지라는 설명은 그런대로 설득력이 있다. 1766년에 스타니슬라스가 죽고 로렌 공국이 프랑스령에 편입된 후 마들렌의 변천 과정이 어느 정도 정확히 확인되었기 때문이다.

스타니슬라스 사후, 마들렌은 코메르시 마을의 특산품으로서 비즈니스적으로 크게 성장했다. 그리고 이 성공에는 두 명의 여성이 관련되어 있다고 한다. 한 사람은 스타니슬라스의 딸인 마리 렉친스키. 그녀는 마들렌을 베르사유에 있는 자신의 살롱에 들여와 이곳을 방문하는 초대 손님들에게 제공해 좋은 평판을 얻었다.

또 다른 이는 코메르시 출신의 젊은 여성 안느 마리 코상. 1852년 7월, 나폴레옹 3세는 파리와 스트라스부르를 잇는 철도의 개통을 축하하기 위해 현지를 방문했다. 그곳에서 들른 새로운 호텔에서 마들렌을 맛본 나폴레옹 3세는 이를 칭찬했는데, 왕의 칭찬은 마리 코상의 향토애를 자극했다. 이후 결혼해서 카르카노 공작부인이 된 그녀는 파리의 저택에 살면서 새롭게 부설된 철도의 막차를 통해 밤마다 코메르시로부터 마들렌을 운반했다고 한다.

이 일로 코메르시에는 많은 마들렌 제조소가 설립되었고 오늘날에 이르기까지 격렬한 경쟁이 펼쳐지게 되었다. 1870년 8월에 프로이센의 군대와 함께 코메르시에 들어간 비스마르크의 비서관은 자신의 일기에 이렇게 적고 있다.

'집마다 출입문에서 마들렌 제조소 표시를 자주 발견할 수 있다. 그것은 작은 멜론 모양을 한 비스퀴 과자로 프랑스에서 큰 인기를 얻고 있다.'

가리비와 막달라 마리아

마들렌은 일반적으로 가리비 모양을 하고 있다. 이 형태로 굽기 위해 별도의 틀이 있으며 이 틀을 마들렌 틀이라고 부른다는 것은 오늘날 파티시에에게는 상식이라고 할 수 있다.

그런데 마들렌은 맨 처음부터 이런 모양이었던 걸까?

카렘의 마들렌 레시피에는 '마들렌 틀에 흘려 넣는다'라고 되어 있는데, 이 틀이 어떤 모양이었는지는 유감스럽게도 추측할 수 있을 만한 자료가 남

(좌) 코메르시의 오래된 마들렌 제조소의 포스터. (우) 쥘 구페의 '파티스리의 책'에 게재된 옛 형태의 마들렌

아있지 않다. 다만 카렘의 직속 제자였던 쥘 구페의 『파티스리의 책(Le Livre de Pâtisserie, 1873년)』에는 첫 장에 마들렌의 권두화가 남아있으며 이것으로 봐서는 현재의 마들렌과는 상당히 다르다는 것을 알 수 있다. 『라루스 요리백과사전(Larousse Gastronomique, 1938년)』에도 '오래된 틀로 만들어진 마들렌'이라는 설명이 달린 마들렌의 사진이 게재되어 있는데, 이것은 구페의 마들렌과 거의 같은 모양이다. 그렇다면 카렘이 말하는 마들렌 틀도 이것과 같은 것이었을까? 그렇다고 단정할 순 없겠지만 적어도 가리비 모양이 아니었다는 것은 확실하다.

이 질문에는 1913년에 발표된 프루스트의 『잃어버린 시간을 찾아서』가 힌트가 될 듯하다. 그는 책 속에서 확실하게 프티 마들렌이 '가리비 껍데기' 모양이라고 적고 있다. 즉 늦어도 20세기 초반에는 이 모양이 일반적이었다고 생각된다. 구페의 마들렌도 조개라고 하면 조개로 보이지 않는 것은 아니지만, 이것을 가리비라고 주장하는 것은 억지이다.

그렇다면 현재의 마들렌은 언제부터, 그리고 어떤 경위로 가리비나 조개 껍데기 모양이 된 것일까? 이 질문에 관해 답하는 것은 그리 단순하지 않다. 그것을 설명하는 설 중 하나는 앞의 마들렌 폴미어와 관련된 것인데 그녀가 실은 순례자로서 산티아고 데 콤포스텔라의 길을 걸었던 것에서 유래했다는 것이다.

산티아고 데 콤포스텔라는 스페인 북부의 마을이다. 전설에 따르면 9세기경 양치기 소년이 이 땅에 별이 떨어지는 것을 보고 그곳에 갔다가 그리스도의 12 사도의 한 사람인 성 야곱의 무덤을 발견했다고 한다. 그 후 사

1568년 산티아고 네 콤포스텔라로의 순례를 그린 판화. 두 명의
순례자의 어깨 부근에 가리비 모양을 한 문장(紋章) 같은 것이 보인다

람들은 그곳에 성당을 세우고 산티아고 데 콤포스텔라를 성지로 숭상하게
되었다. 그런 이유로 유럽의 가톨릭교도에게 있어 산티아고 데 콤포스텔라
는 가장 인기 있는 순례지가 되었고, 지금도 많은 신자들이 각지에서 몰려
들어 먼 거리를 긴 시간 동안 도보로 순례하고 있다.

그런데 웬일인지 이 산티아고 데 콤포스텔라 순례의 상징이 가리비인 것
이다. 이유는 모르겠으나 순례자는 순례의 길을 걷는 동안 그 증표로서 가
리비 조개껍데기를 몸에 지녔다. 그리고 그 길에는 순례의 길이라는 것을

나타내기 위해 가리비를 본뜬 표시가 여러 개 설치되어 있다. 때문에 순례 자였던 마들렌 폴미어에게 있어 가리비 모양은 단순한 디자인이 아니라 신앙상 깊은 의미가 있었던 것이다.

그러나 이 설은 유감스럽게도 시대가 맞지 않는다. 앞서 서술한 바와 같이 마들렌이 가리비 모양이 된 것은 빨라도 19세기 말의 일로, 폴미어가 살았던 시대보다 훨씬 후의 일이다. 마들렌이 맨 처음부터 가리비 모양이었을 거란 오해가 일으킨 곡해라고 할 수 있다.

이렇듯 마들렌이 어떤 경위로 가리비나 조개껍데기 모양이 된 것인지는 명확하지 않지만, 그리스도교에 얽힌 이야기가 나온 김에 마들렌의 유래에 대한 또 하나의 설을 덧붙여 보겠다.

이것은 전설이라기보다 오히려 속설이라고 할 수 있는 얼토당토 않은 이야기이다. 믿기는 어려우나 그럼에도 불구하고 묘하게 마음이 끌리는 것은 이 설의 어딘가에 음모와 같은 미스터리한 그림자가 느껴져서일 것이다.

이야기의 시작은 2천 년 정도 거슬러 올라간다. 하나님의 아들이라고 칭해졌던 예수는 그가 행한 전도행위가 사회의 질서를 어지럽힌다 하여 붙잡혔으며, 골고다 언덕에서 십자가형에 처해졌다. 그 예수는 평생 독신이었다고 전해지는데 실은 아내가 있었다는 것이 이 이설(異說)의 발단이다. 그 아내라는 것은 막달라 마리아. 예수가 승천했을 때 그녀는 임신한 상태였으며, 그 후 가족들과 함께 남프랑스로 건너가 남자아이를 출산했고 말년에는 마르세유 근교 생트 봄에 있는 동굴에 틀어박혀 은거 생활을 했다고 한다.

그리고 예수와의 사이에서 생긴 남자아이가 남프랑스에 정착하였고 그

고장 왕족의 딸과 결혼해서 프랑스 최초의 왕조인 메로빙거 왕조의 시조가 되었다. 메로빙거 왕조의 클로비스 1세는 후에 프랑크 왕국을 통일하기 위해 가톨릭으로 개종했다. 그러나 일족 중에는 개종을 거부하고 막달라 마리아를 성자로 숭상하고, 남프랑스에 머물며 조용히 살아가면서 그 독특한 문화를 남몰래 자손에게 물려주는 사람들이 있었다. 그들이 문외불출(門外不出)의 비밀로 소중하게 지켜 온 수많은 전통 중에는 심플하지만 굉장히 맛있는 구움 과자도 있었다고 한다. 그들은 그 과자에 성스러운 선조의 이름을 붙여서 기나긴 역사를 통해 연면히 계승해 갔는데 그 이름이 막달라 마리아 즉, 프랑스어로 마리 마들렌이다.

실로 얼토당토않은 이야기이지 않은가? 말도 안 되는 이야기지만, 파리에 있는 마들렌 사원도 막달라 마리아의 유골 일부가 모셔져 있는 것에서 그 이름을 따왔다는 이야기까지 들으면 어쩌면 그런 일이 진짜 있었을지도 모르겠다는 생각이 든다. 역시 미스터리한 전설에는 사람을 끄는 묘한 마력이 있나 보다.

부자를 향한 동경

마들렌은 프랑스 과자의 카테고리 안에서는 '드미 세크' 즉, 생과자와 건과자(쿠키류)의 중간에 위치하는 과자로, 드미 세크의 대표라고 해도 과언이 아니다.

그런데 드미 세크의 종류는 의외로 많지 않다. 영국의 드미 세크로는

'케이크(cake)'라고 하는 전통적인 과자가 있으며, 여기에는 파운드 케이크를 비롯해 던디 케이크, 심널 케이크 등 옛날부터 영국 사람들에게 친숙한 과자가 많이 포함되어 있다. 독일에도 잔트쿠헨(Sandkuchen)이라는 과자가 있으며 이것은 영국의 케이크와 거의 같은 카테고리이다.

잔트란 '모래'라는 뜻인데 같은 모래를 의미하는 프랑스 과자 사브레와는 다른 것이다. 잔트쿠헨과는 달리 사브레는 이미 알고 있듯이 쿠키이다. 물론 프랑스에도 케이크는 있다. 바로 카트르 카르(Quatre-Quarts)이다. 4분의 4를 의미하는 카트르 카르는 그 이름이 나타내듯이 4가지 재료인 밀가루, 설탕, 달걀, 버터를 같은 양으로 혼합해 만드는 과자로 영국의 파운드케이크와 같은 것이다. 아니 영국의 파운드케이크가 프랑스로 들어와 카트르 카르란 이름으로 바뀌었다고 하는 편이 정확할 것이다.

이처럼 프랑스의 케이크는 대부분 영국에서 전해진 것이다. 카렘을 비롯해 유드나 소와이에, 프란차텔리 등 영국에서 일을 한 프랑스인 요리사가 많았던 것이 이러한 경향에 박차를 가했던 것이 틀림없다.

이렇듯 종류가 많지 않은 프랑스의 드미 세크 중에서, 마들렌에 뒤이어 순 프랑스산 드미 세크로 잘 알려진 과자가 있다. 바로 피낭시에다. 이 장방형의 프티가토는 자주 마들렌과 같이 언급되는데, 마들렌과 피낭시에는 그 제법이 전혀 다른 과자이다.

우선 피낭시에는 밀가루 대신에 아몬드파우더와 전분을 사용한다. 또 달걀 전체가 아니라 달걀흰자만을 사용한다. 마지막으로 버터는 뵈르 누아제트, 즉 갈색이 될 때까지 태운 버터를 사용한다.

피낭시에란 금융가, 부자라는 의미인데 왜 과자에 이런 이름이 붙여졌을까? 일설에 따르면 19세기 후반, 파리의 생드니에에 가게를 낸 '루누'라는 파티시에가 근처 증권거래소의 금융가들을 위해 양복을 더럽히지 않고 가볍게 먹을 수 있는 과자를 고안해 낸 것이라고 한다.

이 설을 어디까지 믿을 수 있을지는 모르겠지만, 동시대의 피에르 라캉도 저서에서 '피낭시에는 루누가 창작했다.'고 확실히 밝히고 있으므로 틀림없을 것이다.

다만 여기에서 주의해야 할 것은 그 모양이다. 현재는 피낭시에 틀이 따로 있어서 대부분 예외 없이 그 틀을 사용해 굽고 있는데 그 틀이 금괴 모양이다. 금융가라는 이름의 과자가 금괴 모양을 하고 있다는 것은 아무리 생각해도 의도적으로 느껴진다. '루누, 대단하네!' 하고 감탄하게 될 정도이다.

그러나 피낭시에가 원래 그런 모양이 아니었다는 것은 라캉의 책을 보면 알 수 있다. 라캉의 책 속에는 피낭시에의 레시피가 몇 가지 기술되어 있다.

(좌) 금괴 모양을 한 현대의 피낭시에. (우) 응용된 형태의 마들렌

때로는 피낭시에르라고 여성형으로 되어 있는 경우도 있지만, 기본적으로는 둘 다 같은 것이다. 단, 사용하는 틀은 다르다. 어느 레시피에서는 바토 틀 또는 사바랭 틀로 굽는다고 쓰여 있는데, 다른 레시피에서는 브리오슈 틀로 굽는다고 적혀 있다. 그 어디에도 금괴 모양은 찾을 수가 없다.

아마도 후세의 파티시에 중 누군가가 피낭시에라는 이름과 금괴의 모양을 연결하여 이 과자를 제작한 듯하다. 그 파티시에가 누구인지 이제 와서는 알 수 없고 대단한 문제도 아니다. 다만 거기에는 부자가 되고 싶은 소망을, 하다못해 과자를 통해서라도 이루고 싶은 서민들의 부질없는 심정이 담겨 있는 듯하여 마음이 착잡할 뿐이다.

생각해 보니 옛날부터 그런 부자를 향한 동경을 느끼게 해주는 과자가 몇 가지 있었다. 예를 들면 그리모의 『식통연감』에도 등장하는 프로피트롤 오 쇼콜라가 유명하다. 프티 슈에 크림을 채우고 초콜릿 소스를 뿌린 이 디저트에 붙여진 프로피트롤이라는 이름은 바로 프로핏(Profit=이익, 이윤)에서 파생된 것으로, 본래는 약간의 이득(본업 이외에서 얻는 수입)을 나타내는 말이었다고 한다.

어느 시대 어느 나라든지 가난한 사람은 부자가 되길 바라고 부자는 좀 더 부자가 되길 바란다.

Episode 09

브리오슈

Brioche

두 명의 작은 부랑아가 백조와 동시에 브리오슈 옆으로 다가갔다.
작은 아이는 물에 떠 있는 브리오슈를 가만히 바라봤고
큰 아이는 부르주아가 떠난 쪽을 쳐다봤다. 아버지와 아들은
마담 거리(Rue Madame) 근처 나무숲 옆, 큰 돌계단으로 이어진 미로 같이
좁은 길로 들어갔다. 그들이 시야에서 사라지자, 나이가 많은 아이가
서둘러 달려가서 연못 주위를 에워싼 갓돌 위에 엎드렸다. 돌을 왼손으로
꽉 잡으면서 거의 떨어지기 직전까지 물 위에 몸을 내밀고, 지팡이를 쥔 오른손을
과자 쪽으로 뻗었다. 백조는 적의 존재를 알아차리고 작은 약탈자를 향해
가슴을 내밀며 위협했다. 그런데 물이 백조의 바보 앞에서 역류했고,
그 잔잔한 동심원 형태의 물결이 브리오슈를 소년의 지팡이 쪽으로 흘러가게 했다.
백조가 다가오는 동시에 지팡이 끝이 과자에 닿았다. 소년은 브리오슈를
끌어당기면서 백조를 위협하기 위해 지팡이로 수면을 때렸고,
과자를 움커잡자마자 벌떡 일어났다. 과자는 젖어 버렸지만,
그들은 공복에다 목도 마른 상태였다. 나이가 많은 소년은
과자를 뜯어 큰 것과 작은 것 두 개로 나눈 다음
작은 쪽을 자신이 갖고 큰 쪽을 동생에게 건넨 다음 말했다.
"이걸 입 안에 처넣어."

*

빅토르 위고
『레미제라블』중에서

빵? 아니면 과자?

어느 나라에나 사람들이 주식으로 삼는 음식이 있다. 예를 들면 한국이나 일본에서는 쌀이 주식이고, 중국에서는 쌀은 물론 밀가루를 반죽해서 만드는 분식도 주식이다. 인도나 그 주변 지역의 주식은 난이나 차파티 같이 얇게 구운 빵이다.

프랑스는 어떨까? 일반적으로 빵이 주식이라 여겨지곤 하는데 사실 그렇지 않다. 확실히 프랑스인의 식사에는 바게트 같은 빵이 포함되지만, 그렇다고 해서 빵이 주식은 아니다. 빵은 어디까지나 메인 요리에 곁들이는 것이다. 메인 요리는 그날의 식탁에 따라 고기요리거나 채소요리다.

물론 이것은 식생활이 풍부해진 현대의 이야기이다. 옛날 귀족이나 대 부르주아 등 부유층 이외의 서민들에게 결코 그런 일은 없었다. 빵이 식사의 중심이었으며 빵이 없는 식탁은 상상할 수 없었다. 그도 그럴 것이 당시 인구의 대부분을 차지하던 서민은 대체로 빈민층이었으며, 빵 이외의 음식으로 공복을 채울 여유가 없었기 때문이다.

1789년에 발발한 프랑스 혁명이 가난한 서민의 지지를 얻을 수 있었던 것도 빵조차 만족스럽게 얻을 수 없던 불만이 세상에 가득했기 때문이다. 여기에서 떠오르는 것이 마리 앙투아네트의 말이다. "빵이 없으면 브리오슈를 먹으면 될 텐데." 앙투아네트 왕비가 악의 없이 입 밖에 낸 이 말이 서민들의 노여움을 샀고, 결국 혁명을 향한 정열에 기름을 붓는 격이 되었다. 이 일화는 책을 비롯해 여러 곳에서 소개되었기 때문에 아마 한 번쯤은 들어봤을 것이다.

그러나 이 이야기는 현재 잘 알려진 바와 같이 후세의 누군가에 의해 의도적으로 오용된 것이다. 화려한 결혼식에 집착했고 부르봉 왕가를 재정난에 빠트린 앙투아네트 왕비라면 확실히 그 정도의 말을 했을 것이다. 아니 분명히 말했을 것이다, 라고 믿고 싶은 분위기가 당시 파리의 서민들 사이에 존재했다. 그러나 말하지 않았는데 말했다고 치부되다니, 그녀도 저 세상에서 틀림없이 억울해 하고 있을 것이다.

위 이야기의 발단은 잘 알려진 바와 같이 장 자크 루소의 『고백』이다. 이 장대한 자전적 작품의 제 6장에서 루소는 와인을 핑계 삼아 브리오슈의 얘기를 적었다. 어느 집에서 맛있는 와인을 마신 것이 계기가 되어 루소는 자신의 집에서 와인을 마시는 습관을 갖게 되었다. 그러나 문제는 그가 빵 없이는 와인을 마실 수 없다는 것이었다. 그런데 그 집에서 먹은 빵을 구할 방법이 없었다. 그 집의 하인을 시켜 빵을 사 오게 하는 것은 그 집주인에 대한 무례한 행동이며, 그렇다고 해서 본인이 사러 가는 것은 당치도 않았다. 허리춤에 칼을 찬 멋진 신사가 고작 빵 한 개를 사려고 블랑제 입구에 들어서는 건 불가능했다.

그리하여 그는 마지막으로 영지의 사람들이 빵이 없다는 얘기를 듣고 그것에 철없이 대답한 어느 대공 부인의 말을 떠올렸다. "그러면 그들에게 브리오슈를 먹게 하라."

이 말에 힌트를 얻은 루소는 브리오슈를 사들이게 되는데 이것 또한 간단하지 않았다. 거리를 돌아다니며 30여 곳에 이르는 파티시에의 가게 중에서, 자신이 들어갈 수 있을 만한 가게를 찾아 애를 쓴 결과 드디어 브리오슈를 조달하는 데 성공했다. 그리고 집으로 돌아와 자기 방에 틀어박혀 독서를 하며 브리오슈와 함께 와인을 즐겼다고 한다.

이 이야기는 젊은 시절 루소의 버릇을 아는 데 있어 꽤 재미있는 부분이기도 하거니와 여기에는 브리오슈에 관한 매우 흥미로운 내용이 포함되어 있다. 루소의 고백이 기록된 것은 1760년대 후반이라고 알려졌다. 이 글을 통해 그 시대에는 빵과 브리오슈가 명확하게 구별되었다는 것을 알 수 있다. 즉 빵은 블랑제 가게에서 판매되었지만, 브리오슈는 파티시에 가게에서 판매되었던 것이다. 게다가 멋진 신사가 블랑제의 가게에 들어가는 일은 불가능했지만 파티시에의 가게라면 가능했다는 것을 알 수 있다. 이것을 곧이곧대로 해석하면 블랑제와 파티시에의 위상에는 명확한 격차가 있었으며 후자가 전자보다 위라는 것이 된다.

이 파티시에와 블랑제의 격차는 그대로 브리오슈와 빵의 격차에도 적용

(좌) 현대의 브리오슈 아 테트 (우) 장 시메옹 샤르댕의 1763년 작품 '브리오슈'.
이 시대에 이미 테트 형태가 있었다는 것을 알 수 있다

된다. 브리오슈는 효모로 발효시켜 만들기 때문에 빵과 같은 종류라고 할 수 있지만, 세상의 신분으로 얘기하자면 결코 빵은 아닌 것이다. 그리고 덧붙여 말하자면, 이 루소의 저술이 마리 앙투아네트에 대한 중상모략에 이용되었다는 배경도 있다. 그런데 왜 브리오슈는 발효시킨 제품인데 블랑제 가게가 아니라 파티시에 가게에서 판매된 걸까?

1694년에 출판된 『프랑스어의 어원과 유래 사전』이라는 책에 브리오슈 항목이 다음과 같이 기록되어 있다. '빵의 일종. 보통 파티시에의 가게에서 만들어진다.' 이 기록을 통해, 루소 시대 훨씬 이전부터 브리오슈가 파티시에의 가게에서 판매되었다는 것을 알 수 있다. 그러나 어떤 경위로 그렇게 되었는지는 알려지지 않았다.

브리오슈의 역사 자체는 매우 오래되었고 가장 오래된 기술은 15세기로 거슬러 올라간다. 1611년에 영국에서 출간된 『불영사전』에 브리오슈 항목이 있으며 거기에는 이렇게 기록되어 있다. '스파이스가 들어간 롤빵 또는 과자빵(a rowle, or bunne, of spiced bread)'

이 기술을 보면 현재의 브리오슈와는 약간 다르다고 느껴지는데, 17세기는 무엇에든 스파이스를 많이 사용한 시대이므로 브리오슈에 스파이스가 사용되었다고 해도 이상하지 않다. 이 항목의 마지막에는 'Norm'이라는 표기가 있는데, 이것은 브리오슈라는 단어가 노르만어에서 유래한다는 것을 나타낸다. 어원까지 살피면 복잡해지므로 자세한 설명은 하지 않겠으나 브리오슈의 기원이 북프랑스 노르망디 지방이란 설이 있다.

프랑스 사전에서 가장 오래된 기록은 1680년 『프랑스어 사전』에 실린 것으로, '파리의 파티시에 용어. 과자(gâteau) 또는 빵의 제법에 보다 높은 질의 밀가루와 달걀, 치즈, 소금을 사용해서 만들어진다.'라고 적혀 있다. 여기는 버터 대신에 치즈를 사용했는데 이것은 오래된 과자의 레시피에서 흔히 있는 일이다.

1696년 판 『프랑스 아카데미 사전』에는 '구움 과자(gâteau de pâtisserie)의 일종. 보통 달걀과 우유, 버터가 사용된다.'라고 적혀 있으며, 여기에서는 완전히 과자로 기록했다.

18세기 이후가 되면 브리오슈의 기술도 한층 구체적이 된다. 1750년 발행된 『음식 사전(Dictionnaire des alimens)』에는 '밀가루와 달걀, 버터로 만들어진 섬세한 과자'라는 정의 다음에 제법이 상세하게 기술되어 있다. 마지막 굽기 부분에서는 '반죽을 필요한 크기로 나누고 전체를 적신다. 반죽 윗부분에 칼집을 넣은 다음 달걀을 바르고 오븐에서 굽는다.'고 되어있다. 이 기록에서는 현재의 브리오슈에서는 볼 수 없는 마무리 공정을 엿볼 수 있어 꽤 흥미롭다.

브리오슈는 베녜와 같은 튀김과자의 소재로 사용되어 왔고 가토 드 콩피에뉴 같은 순수한 과자의 재료로도 이용되었다. 브리오슈가 파티시에의 영역이었다는 것을 생각하면 오히려 당연한 것이다.

이러한 기록들은 중세부터 앙시앵 레짐(Ancien Régime)기에 이르기까지 길드(프랑스에서는 코르포라시옹=동업자조합)의 제도 안에서 브리오슈의 제조와 판매 특권이 파티시에에게 주어졌다는 것을 간접적으로 증명하는 증거로 볼 수 있다.

그러나 이건 모두 옛날 얘기다. 현재는 파티스리뿐만 아니라 블랑제에서 도 브리오슈를 취급하고 있다. 그럼에도 파티스리에서 판매되고 있는 브리오슈 쪽이 왠지 더 고급스럽고 맛있게 보인다. 그건 아마도 긴 세월에 걸친 역사와 전통이 만들어낸 결과인 듯하다. 물론, 단순한 편견일 수도 있지만 말이다.

외국에서 태어난 인기스타

브리오슈에 대해 쓰려면 프랑스에서 과자와 빵의 경계 선상에 있는 또 하나의 인기제품, 크루아상에 대해서도 써야만 한다. 보통 프랑스인의 아침 식사라고 하면 누구나 크루아상과 카페오레를 제일 먼저 떠올릴 것이다. 그런 의미에서 브리오슈보다 오히려 크루아상 쪽이 프랑스를 대표하는 과자빵이라고 생각하는 이가 많은 것도 어느 정도 이해가 된다.

그러나 카페오레의 카페(커피)와 마찬가지로 크루아상도 원래부터 프랑스에 있던 것은 아니다. 이것도 외국에서 들어 온, 비유하자면 '외부인'이다. 게다가 그 시기는 커피보다 훨씬 늦었다. 비교적 최근의 일이라 해도 좋을 것이다. 그런데 그것이 마치 먼 옛날부터 프랑스에 뿌리를 내린 것처럼 '대표선수' 자리에 앉아 있는 데에는 그 나름의 이유가 있다. 이제 그 이유를 조금씩 살펴보자. 크루아상의 역사를 펼쳐볼 때 반드시 맞닥뜨리게 되는 한 가지 단어가 있다. 바로 비에누아즈리(Viennoiserie).

지금 비에누아즈리라고 하면 크루아상을 비롯해 빵 오 쇼콜라와 오라네

파리의 리슐리외 거리에 있었던 블랑주리 비엔누아즈.
이것은 1903년의 사진이며 머지않아 이 가게는 모습을 감추었다

등 파티시에의 가게에서 파는 발효 과자 전반을 가리키는 말이다. 경우에 따라서는 쇼송이나 슈케트 등 발효과자가 아닌 것을 포함할 때도 있으며 브리오슈를 이 범주에 넣어 버리는 대담한 자료도 가끔 눈에 띈다. 그러나 이 단어는 문자 그대로 '빈(Wien)풍'의 빵을 말한다.

1830년대 후반 파리의 리슐리외 거리에, 그때까지 존재하지 않았던 새로운 타입의 블랑제리가 오픈했다. 그 이름도 '블랑제리 비에누아즈(Boulangerie Viennoise). 오너인 오귀스트 챙크는 갓 서른을 넘긴 오스트리아인으로서 파티시에도 블랑제도 아니었다. 그러나 빈에서 숙련된 빵 장인을 데리고 와 파리의 '금싸라기 땅'에 진출한 것이다.

당시 파리는 나폴레옹 제정이 붕괴한 후 왕정복고(王政復古)의 어두운

면이 드러났고 유럽 각국에서 모인 다양한 사람들로 문화의 집합체 같은 양상을 나타냈다. 특히 빈은 부르봉 왕조와 인연이 깊은 합스부르크 왕가의 본거지였으며 그 화려한 왕정 양식에 동경을 품은 파리 사람들도 적지 않았다.

그래서 블랑제리 비에누아즈의 셀링 포인트는 다채로운 빈풍의 빵과 매장의 고급스러움이었다. 챙크가 노렸던 바대로 얼마 안 있어 가게는 파리의 젊은이들 사이에서 화제가 되었으며 가게 이름이 당시 연극에도 등장할 정도였다.

나보티나 : 프랑스에서! 파리에서! 저는 몰래 이곳저곳을 돌아다녔습니다. 당신의 눈앞에 있는 저는 나보티나의 왕녀. 라플란드에서 가장 고귀한 가문의 일족입니다. 사랑하는 왕자님, 제가 저 분과 처음으로 만난 것은 리슐리외 거리에 있는 블랑제리 비에누아즈였습니다. 그 후 우리는 함께 페릭스 가게로 가서, 거기에서 프티 파테를 먹었습니다. 사랑의 이름으로 우리는 그 것을 먹었습니다. 먹었던 것입니다!

에르망가르드 : 이 무슨 단정치 못한 짓입니까!

— 프레데릭 드 쿠르시『대공작』1840년 중에서

이 대사를 통해 비에누아즈가 왕족의 밀회(랑데부) 장소로 적합한 가게로 비쳤다는 것을 알 수 있다. 덧붙여 말하면 여기에 나오는 페릭스 가게도 당시 인기가 높았던 고급 파티시에 가게다.

블랑제리 비에누아즈는 가게 분위기뿐만 아니라 상품의 맛 또한 호평을 받았다. 다음 인용은 1848년에 여성 대상으로 발행된 『라 모드』라는 한 유행정보지에서 발췌한 것이다.

'마담 라크레가 작은 장난꾸러기 소녀들의 사이즈를 잴 때, 어떻게 해서 소녀들을 뜻대로 움직였는지 아는가? 그것은 리슐리외 거리에서 빈풍의 맛

있는 과자를 사주겠다는 멋진 약속을 했기 때문이다.'

블랑제리 비에누아즈의 인기상품 중 하나로 킵펠이라는 빈의 과자가 있었다. 독일어로 '초승달'이란 의미의 이 과자에는 한 가지 설이 전해진다. 1638년 빈 시가(市街)는 오스만 튀르크의 이슬람군에 의해 포위되었다. 이슬람군은 정예부대로서 매우 강력했지만 빈의 성벽이 강고하여 좀처럼 공략의 실마리를 잡을 수 없었다. 애를 태우던 이슬람군은 결국 계략을 세웠다. 성벽 아래에 터널을 파서 단번에 쳐들어가기로 한 것이다. 그들은 밤을 새워가며 터널을 파기 시작했다. 한편 빈의 시내에서는 누구도 그 사실을 알아채지 못했다.

하지만 한밤중에 일어나 일을 시작하는 빵집만은 달랐다. 빵집에서 일하던 이가 지하에서 울려오는 기분 나쁜 소리를 알아채고 그것이 이슬람군이 기습할 조짐이란 것을 감지했다. 곧바로 빈 정부에 그 사실을 전하자 곧장 반격이 시작되었다. 이슬람군의 계략은 결국 실패로 돌아가고 빈군은 도시를 지켜낼 수 있었다. 그리고 정보를 제공한 빵집은 이슬람군 타도의 공로자로 칭송받아 그 포상으로 적측의 문장인 초승달 모양의 빵을 만드는 걸

허락받았다. 바로 이것이 킵펠의 기원이다.

이것은 그저 설이므로 사실 여부는 알 수 없지만, 이런 전승으로 꾸며진 킵펠이라는 과자가 새로운 것을 좋아하는 파리의 부자들에게 인기를 끈 것은 당연한 일이었다. 그리고 그것이 초승달 모양인 크루아상(croissant, 초승달)의 원형이 된 것은 현명한 독자들에게 새삼스럽게 설명할 필요도 없을 것이다.

블랑제리 비에누아즈의 오너, 챙크는 1848년 2월 혁명이 발발한 것을 계기로 파리를 떠나 고향인 빈으로 돌아갔고, 원래 저널리스트였던 그는 빈에서 새로운 신문 '디 프레스'를 창간하였다. 챙크가 떠난 후 블랑제리 비에누아즈는 경영주를 바꾸고 영업을 계속해 나갔다. 인기 있는 가게라 그 무렵에 따라 하는 가게도 많이 생겼으며 빈풍의 빵이나 과자가 파리 전역에 흘러넘쳤다.

그중에는 아무리 봐도 프랑스풍으로밖에 보이지 않는 빈의 과자도 있었는데 파리의 젊은이들에게 그런 것은 아무래도 상관이 없었다. 킵펠도 조금씩 프랑스풍으로 옷을 갈아입게 되었고 이름도 어느새 프랑스식인 크루아상이라고 불리게 되었다.

파리에서 인기를 끌던 블랑제리 비에누아즈는 그 명칭을 둘러싸고 법정 다툼이 벌어지는 등 혼란을 거듭한 끝에 20세기가 되어 자취를 감추었다. 그리고 그것과 교체되듯이 사용되기 시작한 것이 비에누아즈리라는 프랑스어다. 비에누아즈와 블랑제리의 합성어인 것은 두말할 것도 없다.

수수께끼 미녀가 파는 수수께끼 과자

크루아상은 말 그대로 초승달 모양을 하고 있다. 최근에는 만드는 측의 작업효율을 따져 초승달 모양이라기보다 마름모꼴의 크루아상이 대부분을 차지하지만 본질적인 차이는 없다.

한편 브리오슈는 반죽은 같지만 그 모양은 천차만별이다. 가장 일반적인 것은 눈사람 같은 모양을 한 것으로 이것은 브리오슈 아 테트라고 불린다. 테트는 머리라는 뜻으로 머리가 달린 브리오슈란 뜻이다. 그 외에도 머리가 없는 소박한 모양의 것도 많고 가토 데 루아나 팽 베니와 같이 링 모양을 한 것도 있다.

혹시 브리오슈 낭테르에 대해 알고 있는가? 이것은 식빵처럼 사각형 틀로 구운, 덩어리 모양의 브리오슈다. 브리오슈 낭테르의 유래에 대해서는 확실한 것은 알 수 없으나 낭테르는 일 드 프랑스에 속하는 마을로 파리 바로 서쪽에 있다. 그 마을의 이름이 붙어 있으므로 당연히 그곳의 명산품일 것이라고 생각했는데 아무래도 그렇지 않은 모양이다. 낭테르 시의 공식 홈페이지를 구석구석 살펴봐도 브리오슈라는 단어는 보이지 않는다. 그러면서도 브리오슈 아 테트와 나란히 전 세계에 그 이름을 떨치고 있으니 참으로 종잡을 수 없는 일이다.

한편, 19세기 책에 여러 번 등장하는 가토 드 낭테르라는 과자가 있다. 이것도 꽤 신기한 과자이다. 한바탕 큰 화제가 되었으나 그 후 소리 소문도 없이 현재는 완전히 잊혀져 버렸다.

20세기 이전의 정보가 없는 브리오슈 낭테르와 20세기 이후의 정보가 없는 가토 드 낭테르. 이 두 제품 사이에는 혹시 어딘가 접점이 있지 않을까? 이 의문에 대답해 줄 자료는 유감스럽게도 어디에도 존재하지 않는다.

가토 드 낭테르라는 이름이 등장하는 자료는 1791년으로 거슬러 올라간다. 프랑스 혁명의 지도자 중 한 사람이며 상퀼로트 층으로부터 절대적인 지지를 얻은 자크 에베르가 발행한 신문, 페르뒤셴(뒤셴 아버지). 그 신문에 게재된 기사 중에는 이런 문장이 있다.

'기막히게 좋은 날씨다. 파리와 그 근교에서 온 가족이 샹드마르스에 도착했다. 그들은 마음에 드는 산책로를 지나, 조국 제단의 돌층계에서 조금 떨어진 곳까지 왔다. 그랬더니 오래전에 시작되어 지금까지 살아남은 전통적인 존재, 즉 코코넛 장수나 팽 데피스 장수, 가토 드 낭테르 장수의 외침이 여기저기서 들려왔다.'

이 문장에는 사실 약간의 주석이 필요한데 그것을 설명하자면 길어지므로 흥미가 있는 독자는 '샹드마르스의 학살'이라는 키워드를 검색해 보길 바란다.

그건 그렇고 여기에서도 알 수 있듯이 가토 드 낭테르는 오로지 '프티 메티에'라고 불리는 길거리 판매원에 의해 판매되었다. 판매원은 젊은 여성으로 독특한 멜로디를 지닌 홍보문구를 외치며 손님을 끌었다.

"자, 벨 마들렌이에요. 가토는 어떠세요? 갓 구운 따끈따끈한 과자. 자, 벨 마들렌이에요."

이 홍보 문구 때문에 그녀는 언제부터인지 벨(아름다운) 마들렌이라고 불리게 되었다.

아일랜드의 작가 레이디 모건도 1816년의 첫 번째 프랑스기행 중에서 벨 마들렌에 대해 언급하고, 휴일에 가족과 함께 튈르리 정원으로 가면 문 근처에서 장사하는 벨 마들렌에게 가토 드 낭테르를 사 먹는 것이 아이들의 큰 즐거움이었다고 적었다.

그렇다면 앞의 샹드마르스의 마들렌과 이 튈르리 정원의 마들렌은 같은 인물일까? 확증은 없지만 그럴지도 모른다. 1868년의 다른 자료에서 저자가 젊은 시절을 되돌아보며 가토 드 낭테르 장수를 회상한 묘사가 있다. 이 기술에 따르면 콩코드 광장에는 5, 6인의 가토 드 낭테르 장수가 있었고, 그중 리더인 여자가 벨 마들렌이라고 불렸다고 한다. 게다가 그녀들은 모두 노인이었단다.

여기에서 벨 마들렌을 그린 2장의 삽화를 살펴보자. 둘 다 1860년대에 그려졌으며 화가가 실제로 보고 묘사한 것은 아니다. 그러나 한 가지 점을 제외하고 거의 공통되는 부분으로 봤을 때 벨 마들렌이 실제로 이러한 모습이었던 것은 확실하다. 그림마다 다른 것은 물론 그녀의 연령이다. 1780년대부터 1820년대에 걸쳐 약 40년간 가토 드 낭테르 장수인 벨 마들렌으로 활약했으니, 젊고 아름다웠던 그녀가 노인이 된 것은 오히려 당연한 일일 것이다. 동시대의 풍속 화가인 카를 베르네가 1820년경에 『파리의 장사꾼 소리』라는 프티 메티에의 데생을 모은 화집을 냈다. 여기에도 벨 마들렌이 묘사되어 있으며 그 모습은 노인이다.

자료 중에는 '벨(젊고 아름다운)'이라는 형용사가 붙지만 실제로는 젊지도 아름답지도 않다는 빈정대는 듯한 코멘트를 일부러 덧붙인 것도 있다.

가토 드 낭테르를 파는 벨 마들렌을 그린
두 장의 그림. 젊은 마들렌과 나이든 마들렌의
대비가 선명하게 나타나 있지만, 양쪽 다 전해 들은
이야기를 토대로 상상해서 그린 것이라고 한다

Marchande de Gateaux de Nanterre.
Gateaux de Nanterre, des Gateaux fins.

베르네가 그린 벨 마들렌.
시기로 미루어 볼 때
아마 실물을 스케치한 것으로 생각된다

벨 마들렌의 정체는 이쯤에서 접어두고, 가토 드 낭테르라는 것이 실제로
는 어떤 과자였을지 생각해보자. 벨 마들렌의 그림이 참고가 될 듯하다. 두 장
의 그림에 묘사된 가토 드 낭테르는 형태는 약간 다르지만, 양쪽 다 과자가
아닌 빵으로 보인다. 그리고 실물을 본 후 스케치했다고 생각되는 베르네의
벨 마들렌이 지닌 것도 바게트와 같은 모양이며 이것도 아무리 봐도 빵이다.

그런데 왜 낭테르라는 이름이 붙여진 걸까? 이것에 관해서는 잘 모르겠
다는 것이 솔직한 대답이다. 어떤 자료에 의하면 이 과자는 낭테르에서 만
들어져 이틀에 한 번 파리로 운반되었다고 하는데 그러나 이것이 사실이라
면 '따끈따끈한(touts chauds)'이라는 홍보 문구에 반하는 것이 된다. 홍보
문구는 프티 메티에의 간판과 같은 것이므로 역시 이것은 파리에서 구워졌
으며 갓 구운 것이 판매되었다고 하는 것이 타당하다.

1860년대에 발표된 또 다른 자료에는 이런 흥미로운 기술이 있다.

'나는 여름 동안 낭테르에 집을 빌린 한 부인을 아는데, 그녀는 집주인에
게 어디에서 가토 드 낭테르를 찾을 수 있는지 물었다고 한다. 낭테르의 가
정에서는 아이들을 위해 그 과자를 구울 거라 생각해서였다. 그러나 집주
인은 그 말에 매우 놀라면서 여기에는 가토 드 낭테르라는 과자는 없으며,
튈르리 문에서 판매된다는 비슷한 과자를 본 적도 없고 도대체 왜 그 과자
에 성녀 '쥬느비에브'로 평판이 자자한 이 마을의 이름이 붙여졌는지 전혀
이해되지 않는다고 말했다고 한다.'

이렇듯 벨 마들렌의 정체와 마찬가지로 가토 드 낭테르의 정체 역시 수
수께끼로 남아있다.

호박 파이

Pumpkin Pie

이날은 장난꾸러기들이 요괴나 마녀의 옷을 입고
무서운 형상으로 파낸 호박 안에 촛불을 켜는 날이다.
파티에서는 물 위에 뜬 사과에 얼굴을 쑥 내밀거나
기분 나쁜 게임에 흥겨워하거나 호박 파이나 아이스크림, 사이다를
뱃속 가득 채워 넣는다. 그리고 한층 더 대담해진 그 정령들은
기운이 솟아나 지옥(바깥)으로 나가고,
초인종에 바늘을 찔러 넣는다든지
창에 비누를 칠한다든지……
온갖 사유재산을 가능한 한 엉망진창으로 만들면서
열심히 핼러윈의 파괴활동을 한다.

*

「LIFE」 지(誌) 1941년 11월 3일 중에서

소울 케이크에서 호박 파이로

10월 31일은 즐겁고도 즐거운 핼러윈. 이날은 해 질 녘이 되면 거리에 정령, 요괴, 마녀, 요정 심지어는 드라큘라, 프랑켄슈타인, 늑대인간까지 나와서 큰 소란을 피운다.

양초가 켜진 호박 랜턴이 집들의 처마 끝에서 흔들흔들 으스스한 웃음을 띠고, 그로테스크한 변장을 한 아이들이 '과자를 주지 않으면 장난칠 거예요.'라고 외치면서 거리를 행진한다.

이 풍습은 현재는 미국에서 가장 활발하게 행해지고 있으며 영화 〈E.T.〉의 영향으로 미국이 발상지라고 생각하는 사람도 많은데 이는 사실과 다르다. 기원에 관해서는 확실히 알 수 없지만 본래는 켈트 민족의 한 해가 끝나는 것을 축하하는 삼하인(Samhain) 축제에서 유래했다는 설이 있다.

먼 옛날 켈트 민족의 책력에서는 10월 31일이 1년의 마지막 날이었다. 겨울이 혹독한 북유럽에서는 기온상으로 농사에 적합한 계절이 10월까지로, 그 이후는 춥고 매서운 겨울철이 되기 때문이다. 겨울은 정령이나 요괴가 기력을 되찾고 주위를 왕성하게 돌아다니는 계절이기도 하다. 이로부터 겨울의 시작인 11월 1일은 온갖 정령이나 요괴가 모이는 날로 여겨졌으며 만성절(萬靈節, All Hallow's Day)이라고도 불렸다. 그 전야에 해당하는 10월 31일은 '올 할로우즈 이브(All Hallow's Eve)'라고 불렸고, 이것이 줄어들어 '핼러윈'이 된 것이다.

그래서 사람들은 자연의 은총을 받을 수 있는 따뜻한 계절과의 이별을 아쉬워하고, 앞으로 다가올 빈곤한 계절에 맞설 수 있도록 스스로 분발하

핼러윈의 시끌벅적한 풍경. 다니엘 매클라이즈의 그림. 1833년, 옛날 영국의 서민들이 할로윈을 보내는 모습을 생생하게 묘사했다. 화면 오른쪽 아래 소년들이 즐기고 있는 것은 '애플 보빙'이라고 불리는 점을 칠 수 있는 게임으로, 물에 띄운 사과를 손을 사용하지 않고 입으로만 건져 올린다. 잘 건져 올리면 바라던 일이 이루어진다.

기 위해 핼러윈의 향연을 펼친 것이다.

다만, 이날을 호박과 결부시킨 것은 켈트 사람들이 아니라 미국인이었다.

호박의 속을 파내고 양초를 켜는 이 등불을 '잭 오 랜턴'이라고 하는데, 잭 오 랜턴은 원래 순무로 만들어졌다. 그러나 껍질이 부드러운 순무는 세공하기가 어렵고 썩기 쉬웠다. 그래서 미국에서는 수확량이 많으며 가을 채소의 대표격인 호박을 순무 대신 이용하게 되었다.

이제 현대의 핼러윈에서는 미국뿐만 아니라 어느 나라에서나 호박으로 만든 '잭 오 랜턴'을 압도적으로 많이 사용한다.

이쯤에서 '잭 오 랜턴'의 전설에 대해 살펴보도록 하자. 아주 먼 옛날, 어느 곳에 잭이라는 이름의 농부가 살았다. 이 잭이라는 사람은 게으름뱅이인 데다가 다른 농부의 돈을 훔치는 나쁜 인간이었다. 어느 날 평소대로 돈을 훔치던 잭은 현장에서 발각되어 마을 사람들에게 쫓기는 처지가 되었다. 필사적으로 도망치던 중에 잭은 우연히 악마와 맞닥뜨렸다. 악마는 잭에게 죽을 때가 됐다고 고하러 온 것이었다. 잭은 다행이라고 생각하며 악마에게 거래를 제안했다.

"나는 지금 당신의 적인 경건한 그리스도교도들에게 쫓기고 있습니다. 당신이 은화로 변해주면 그 은화를 그들에게 건네서 나를 쫓는 것을 그만두도록 할 것입니다. 당신은 그대로 모습을 감춰버리면 됩니다. 그리스도교도들을 속일 수 있는 일이니 당신에게 있어서도 나쁜 얘기는 아니지 않습니까? 그렇게만 준다면 나는 그 후 당신을 따라 죽음의 여행을 떠나겠습니다."

악마는 이 거래에 응했고 스스로 모습을 은화로 바꾼 다음 잭의 지갑 속으로 뛰어들었다. 그러나 거기에 있던 것은 십자가였다. 잭은 지갑 입구를 꼭 닫아서 악마의 힘을 봉해 가둬 버렸다. 이렇게 보기 좋게 죽음을 피하긴 했지만, 사람은 누구나 언젠가는 죽기 마련이다. 마침내 그에게도 죽음이 찾아왔다. 죽음의 여로를 따라가는 잭 앞에 하나의 문이 높이 솟아 있었다. 그곳은 죽은 자를 천국과 지옥의 길로 양분하는 분기점이었다. 그리고 문지기는 하필 그 악마였다.

악마는 잭을 보고 이렇게 말했다. "너 잘 만났다. 너는 괘씸하게 이 악마님을 속인 나쁜 놈이야. 그러니 물론 천국에 갈 수 없어. 그러나 악마도 속이는 놈을 지옥으로 보낼 수는 더욱 없지. 따라서 너는 천국과 지옥 사이의 허무한 어둠을 영원히 헤매는 것이 좋겠어."

이렇게 해서 잭은 아무도, 아무것도 없는 칠흑 같은 어둠을 영원히 헤매게 되었다. 그러나 그런 잭을 불쌍하게 생각했는지 악마는 발밑을 비추는 순무로 만든 등불(랜턴)만은 지닐 수 있도록 허락했다. 이것이 '잭 오 랜턴'의 시작이다.

그런데 현대에서는 순무가 아니라 호박으로 랜턴을 만들게 되었다. 호박 속을 파내서 만든, 어쩐지 무섭고 그러면서도 어딘지 모르게 애교 있는 랜턴이다. 그렇다면 파낸 속은 어떻게 할까? 버릴까? 당치도 않다. 소중한 농작물의 중요한 알맹이 부분을 버릴 리가 없다. 파낸 호박 속은 확실하게 요리에 사용된다. 그 대표적인 것이 호박 파이다.

'잭 오 랜턴'이 미국에서 시작된 관습이듯이 핼러윈에 호박 파이를 먹는 것도 전적으로 미국에서 시작된 관습이다. 호박 파이는 11월 감사절에 빼놓을 수 없는 음식이며 미국인에게 매우 친숙한 과자이다. 그렇다면 영국에는 호박 파이가 없을까? 그렇지는 않다. 다만 그것은 미국의 호박 파이와는 전혀 다른 것이다.

1840년에 출판된 영국의 한 책에 실린 호박 파이 제조법을 살펴 보자. '영국에서는 호박이 익으면 한쪽에 구멍을 낸 다음 안의 씨를 꺼내고, 거기에 얇게 썬 사과와 설탕, 스파이스를 섞은 것을 채우고, 오

핼러윈의 펌킨 파이

븐에서 통째로 굽는다. 그리고 이것을 버터와 함께 먹는 것이다.'

이렇듯 영국의 호박 파이는 미국의 것과는 상당히 다르다.

19세기 말에 쓰인 한 책에는 외국여행 경험이 풍부한 숙부로부터 미국의 호박 파이 얘기를 들은 영국 가족의 이야기가 나온다. 그 가족은 숙부의 얘기를 듣고 매우 놀랐다. "호박으로 파이를 만든다고? 그런 바보 같은 일이 어디 있어?" 가족 모두가 처음에는 그 얘기를 단순한 농담이라고 생각했다. 그러나 숙부로부터 그것이 명백한 사실이란 얘기를 듣고 가족 모두가 당황했다. 특히 엄마는 자신이 그때까지 믿었던 파이나 가정적인 과자의 개념이 완전히 뒤집혀 큰 충격을 받았고 정신적으로 매우 우울해질 정도였다고 한다.

그렇다면 영국에서는 핼러윈에 어떤 과자를 먹었을까? 바로 '소울(Soul, 영혼) 케이크'다. 아일랜드나 스코틀랜드 등 옛날에 켈트 계열 민족이 많이 살던 지역에서는 '소울링'이라고 하는 핼러윈 풍습이 있었다. 이것은 7명의 사람이 가면을 쓴 채 바구니를 들고 소울링 노래를 부르면서 연회석에 모인 사람들 사이를 돌며 소울 케이크를 모으는 것이었다. 이것은 만성절에 찾아오는 요괴들의 영혼을 달래기 위한 의식이었다.

소울 케이크는 보통 약간 두꺼운 둥근 형태의 스파이시한 쿠키로, 표면에 그리스도를 나타내는 십자 모양이 새겨져 있다. 원래는 과자가 아니라 그 가을에 수확된 첫 과일을 소울 케이크라고 불렀다고 한다.

그 소울링에서 불리던 노래는 영국과 미국의 전통적인 포크송이었으며 지금도 사람들에게 사랑받고 있다. 미국의 대표적인 포크송 그룹인

P.P.M(Peter, Paul and Mary)이 1960년대 히트시킨 곡을 통해 그 전형적인 가사를 소개하도록 하겠다.

소울, 소울, 소울 케이크

선량한 주인아주머니, 소울 케이크를 주세요.

사과든 배든 플럼이든 체리든 상관없어요.

그것은 우리를 유쾌하게 만드는 것.

피터에게는 한 개, 폴에게는 두 개, 우리를 만드신 분에게는 세 개를……

(좌)옛날 영국의 소울링 풍경.
젊은이가 소울링 노래를 부르면서
집집마다 돌아다니며 소울
케이크를 요청하고 있다.
(우)전형적인 소울 케이크

이렇게 켈트 민족에게는 소울 케이크를 요청하는 소울링 노래를 부르면서 사람들 사이를 도는 풍습이 있었다. 이것이 나중에 미국에서 어린이들이 가장을 하고 각 가정을 돌며 "과자를 주지 않으면 장난칠 거예요(Trick or Treat)."라고 외치는 관습으로 발전된 것이다.

파이 이야기

호박 파이 얘기가 나온 김에 파이에 대해서도 조금 살펴 보자. 도대체 파이란 무엇일까? 영국이나 미국에는 타트(Tart)라는 과자도 있는데, 파이와 타트는 어떻게 다른 걸까?

중세의 파이장수. 이동식 오븐에서 갓 구워낸 파이를 팔았다

사실 둘은 차이가 없다. 논자에 따라서는 파이는 위에 덮개가 있는 것이고, 타트는 덮개가 없는 것이라고 하는 사람도 있다. 그러나 피칸 파이같이 덮개가 없는 파이도 많이 있고, 덮개가 있는 타트도 없는 것은 아니므로 엄밀한 의미에서 차이가 없다는 것이 무난한 답일 것이다.

그렇다고는 해도 미트 파이는 있어도 미트 타트는 없으며 트리클 타트는 있어도 트리클 파이는 없는 것을 보면, 적어도 영국인에게는 파이와 타트 사이에 미묘한 구별이 존재하는지도 모르겠다. 타트라는 단어가 프랑스어인 타르트(tarte)에서 유래한 것을 생각하면, 거기에 미묘한 차이가 있는 것은 어쩌면 당연하다고 할 수 있다.

우선 파이란 무엇인지 알아보도록 하자. 파이란 페이스트 반죽으로 만든 둥근 형태의 케이스(셸) 속에 과일, 채소, 고기 등 여러 재료를 채워 구운 과자, 또는 요리를 말한다. 이런 것은 파티시에라면 누구나 알고 있고, 파티시에가 아니더라도 거의 상식이라고 할 수 있다. 그러나 이것을 왜 파이라고 하는 걸까? 파이(Pie)라는 단어를 찾아보면 꽤 재미있는 점을 발견할 수 있다.

'파이 : 고기 또는 과일 등을 밀가루 반죽에 넣어 구운 것.'
조금 부정확하지만, 이것이 일반적인 의미이다.
그러나 사전에는 다른 의미도 적혀 있다.

'파이 : magpie (새) 까치를 말한다.'

이때 다시 magpie를 찾아보면,

'매그파이 : (새) 까치. 수다쟁이. 잡동사니 수집가.'

라고 쓰여 있다. 이 중에서 '잡동사니 수집가'라는 의미에 주목해 보자. 까치는 둥지 속에 뭐든지 모으는 습성이 있다. 까치는 둥지에 철사, 낡은 헝겊 조각, 빈 깡통, 휴지 등 온갖 잡다한 것을 가득 채워 넣는다. 이 같은 까치의 습성으로부터 매그파이에 잡동사니 수집가라는 의미가 부여된 것이다.

그런데 매그파이를 단순히 파이라고 부르는 경우도 있는데, 이것은 어째서일까? 단순히 매그파이의 매그가 생략되어 파이가 된 것 같지만, 실은 그 반대이다. 원래 파이라고 불렸던 것이 매그파이가 된 것이다. 그렇게 불리게 된 것은 16세기경의 일이라고 알려져 있다.

당시 영국의 어느 시골 마을에 마가렛이라는 이름의 젊은 여성이 있었다. 그녀는 인품이 좋고 부지런한 사람이었으나 딱 하나 결점이 있었다. 바로 엄청난 수다쟁이였던 것이다. 그녀는 시간과 장소에 관계없이 사람을 만나기만 하면 상대가 누구든 수다를 떨기 시작했다. 그리고 일단 수다를 떨기 시작하면 그 수다는 어지간해서 멈추지 않았다. 그런 그녀에게 두 손을 든 마을 사람들은 이런 험담을 서로 주고받았다. '마가렛은 정말 잘 떠들어. 마치 까치 같아. 매기(마가렛의 애칭)는 까치(파이)야.' 이렇게 해서 그녀는 언제부턴가 매기파이라고 불리게 되었다. 시간이 흘러 매기파이는 어느덧 까치 그 자체를 가리키게 되었고, 매기파이도 철자가 생략되어 매그파이가 된 것이다.

어쨌든 파이라는 단어는 원래 까치를 가리키는 단어였다. 그런데 페이스트로 만든 셸 안에 다양한 재료를 채워 넣고 굽는 과자의 스타일을 보고, 누군가가 둥지 안에 뭐든지 채워 넣는 까치의 습성을 떠올렸다. 사람들은 이 과자가 마치 까치의 둥지와 같다 하여 파이라는 이름을 붙였다. 그 후 까치는 매그파이라고 불리게 되었지만, 과자인 파이는 파이라는 이름 그대로 정착하여 영국과 미국의 과자 세계에 군림하였으며 오늘에 이르게 된 것이다. 이런 유래가 거짓말처럼 들릴지 모르겠지만 이것은 틀림없는 사실이다.

천국의 파이와 파이 던지기

파이는 영국에서 탄생하여 미국에서 발전했다. 애플파이 편에서도 기술한 바와 같이 이제는 미국인의 영혼이라고도 할 수 있는 파이조차 있을 정도이다. 그런 존재감 있는 과자이므로 미국에서는 파이와 관련된 에피소드가 많다.

'천국의 파이(A pie in the sky)'라는 말을 알고 있는가? 얼마 전 'Townhall. com'이라는 미국의 뉴스 블로그에 이런 표제의 기사가 실렸다. '오바마가 제출한 예산 : 천국의 파이 환상'

이것은 오바마 대통령이 국회에 제출한 2013년도 예산안이 실제로는 지극히 비현실적이라고 비판한 기사이다. 그러나 여기에서 사용된 관용구는 이미 비슷한 문맥에서 자주 사용되던 것이다. 이 표제가 의미하는 바는

'실현될 가망이 없는 희망'이라고 할까? 요컨대 '그림의 떡'이라는 표현과 같은 말이다. '천국의 파이'는 미국에서 매우 대중적인 관용구로 쓰이고 있다.

이 말은 1900년대 초반에 미국인 노동운동가 조 힐이 만든 '전도사와 노예'란 노래에서 유래했다. 이 노래의 원곡은 구세군의 찬미가로 알려진 'In The Sweet By-and-By'이다. 그러나 힐은 이 곡에 다른 가사를 붙여 그리스도교의 위선을 철저하게 조롱했다. 아래의 글은 그 곡 가사의 일부이다.

> 장발의 전도사가 밤마다 찾아와
> 무엇이 옳고 그른지에 대해 가르침을 주려 하지만
> 먹을 것에 대해 묻자마자
> 달콤한 목소리로 이렇게 대답했지.
>
> 머지않아 먹을 수 있게 됩니다.
> 하늘 위 빛나는 나라에서 일하십시오. 기도하십시오.
> 건초 위에서 사십시오.
> 그렇게 하면 저 세상으로 가서 천국의 파이를 먹을 수 있게 될 겁니다.

가사 속의 '장발의 전도사'가 예수 그리스도를 암시하고 있다는 것은 재차 지적할 필요가 없을 것이다.

그럼 이제 '파이 던지기'에 대해 이야기해 보자. 혹시 미국의 희극영화에서 파이던지기를 본 적이 있는가? 크림이 듬뿍 올려진 파이를 사람의 얼굴을 겨냥해 내던지는 것. 미국에서는 '파이잉(Pieing)'이라는 말이 있을 정도로 하나의 문화로 자리 잡았다. 왜 미국인은 이런 놀이를 재미있어 하는 것일까? 도덕과 규율을 중히 여기는 동양인들에게는 참으로 이해하기 힘든 행동이다. 그만큼 문화라는 것은 나라와 민족에 따라 다르다는 것을 보여준다.

파이 던지기가 맨 처음 미국 영화에 등장한 것은 〈키스톤 캅스(Keystone Kops)〉(1914)라는 영화였는데, 이때는 무성영

로렐과 하디의 코미디 영화 '세기의 전투'의 개봉 당시 포스터. 파이 던지기가 이 영화의 자랑거리였다는 것을 짐작할 수 있다

화(silent film) 시기였기 때문에 관객을 웃기기 위해서 과장된 동작이 필요했다. 이후 파이 던지기를 미국 전역에 충격적으로 전한 영화는 로렐과 하디의 슬랩스틱 코미디, 〈세기의 전투(The Battle of the Century)〉(1927)이다. 이 영화는 4분도 채 안 되는 장면 속에서 무려 천 개가 넘는 파이를 던진다. 말 그대로 '세기의 전투'이다.

미국에서 파이 던지기는 결코 영화 속에서만 일어나는 일이 아니다. 예를

들면 자선사업 이벤트의 일환으로 파이 던지기가 행해지는 경우도 있다. 이 때 기부를 한 일반인이 그 보상으로 게스트로 초대된 유명인의 얼굴을 향해 파이를 던지는 것이다.

이런 것이라면 한번 해 보고 싶을까? 그러나 즐거운 일만 있는 건 아니다. 재계의 거물들이나 정치가가 표적이 되는 경우도 자주 있다. 마음에 들지 않는다고 해서 총탄 세례를 퍼붓는 것보다는 훨씬 낫지만, 이것은 명백한 범죄이다.

1998년 2월 마이크로소프트사의 창업자인 빌 게이츠가 벨기에 브뤼셀에서 파이 세례를 당했다. 그 당시 신문 뉴스의 표제는 '게이츠, 크림투성이 되다.'였으며, 본문의 첫머리는 이러했다. '평소에는 케이크를 먹는 빌 게이츠가 오늘은 케이크를 몸에 두르게 되었다.'

기자도 거의 농담조로 쓴 기사일 것이다. 평화롭다면 평화롭고 유쾌하다면 유쾌한 파이 던지기이다. 파이를 맞은 당사자 입장에서는 그런 얘기 따위를 할 수는 없겠지만 말이다.

사바랭

Savarin

카딘은 혼자서 제비꽃다발을 들고, 걸을 때 다리를 한층 더 뻗으며
자신이 좋아하는 가게 몇 곳을 특별히 엿보러 갔다. 빵집인 타블로의 가게는
진열장 한 면 전체가 케이크류에 할애되어 있어서 유난히 애착이 갔다.
그녀는 튀르비고 거리를 왕복했다. 아몬드 케이크, 생토노레, 사바랭, 플랑,
과일 타르트, 바바, 에클레르, 슈크림 앞을 열 번이나 왔다 갔다 했다.
그녀는 마카롱이나 마들렌같이 여러 날 보존할 수 있는 과자가 가득 든 병을 보면
황홀해졌다. 가게 안은 큰 거울과 대리석, 금박으로 장식되어 있어
매우 밝았으며 철제 빵 선반은 정교하게 세공된 것이었다. 또 다른 진열장에는
크리스털 글라스 판 위에 반들반들한 긴 빵이 비스듬히 세워져 있고,
놋쇠로 된 원형 고리가 위쪽을 떠받치고 있었다. 갓 구운 빵으로 인해
가게 전체가 포근함에 둘러싸였다. 카딘은 유혹을 이겨내지 못하고
2수(화폐 단위)짜리 브리오슈를 한 개를 사러 들어갔고
그 따뜻함에 기뻐서 견딜 수 없었다.

*

에밀 졸라,
『파리의 배』(*Le Ventre de Paris*)
(1873) 중에서

창작? 아니면 단순한 흉내?

과자는 예술이다. 이것은 요즘 파티시에들이 입을 모아 하는 말이다. 유명하든 유명하지 않든 파티시에라는 직업에 자부심을 느낀다면, 누구나 과자는 예술이며 파티시에는 예술가라는 긍지를 다소나마 갖고 있을 것이다. 개중에는 예술이 어떤 것인지도 제대로 알지 못한 채 그저 선배나 동료에게 전해 들은 것을 그대로 인용하는 어정쩡한 파티시에도 있을 것이다. 하지만 대다수 성실한 파티시에에게는 이 말만큼 자신이 파티시에임을 자각하고 자기 동기화하는 말은 달리 없을 것이다.

그런 긍지에 찬물을 끼얹는 것 같아 미안하지만, 사실 이 말에는 다소 결함이 있다. 예를 들어 그림이나 조각을 살펴보자. 현대에 남겨진 위대한 작품에는 작가의 이름이 있으며 작품과 작가를 떼어 놓고 논하는 경우는 거의 없다. 다빈치의 〈모나리자〉, 피카소의 〈게르니카〉처럼 작가와 작품은 한몸인 것이다.

현대의 사바랭

그렇다면 과자는 어떠한가? 고급호텔의 식탁을 꾸미는 무스 오 프랑부아즈, 에방타유를 곁들인 쇼콜라의 만듦새가 아무리 완벽하고 화려해도, 그 과자가 파티시에의 이름과 함께 사람들의 기억에 남는 일은 거의 없다. 그것이 훌륭한 디저트이고 아름다우며 맛 또한 절묘하다 해도 그 아름다움과 맛은 그 장소, 그 시간에만 누릴 수 있는 기쁨일 뿐이다. 이것이 과자가 그림, 음악, 문학과 결정적으로 다른 점이다.

뛰어난 미술과 음악은 작가의 이름과 함께 후세에 남는다. 뛰어난 과자 또한 후세에 남지만, 그것은 다른 파티시에에 의해 재현된 다른 과자로서 남는 것이다. 과자가 문학이나 그림과 같은 예술이 될 수 없는 것은 아마도 완성된 작품에 영속성이 없는 탓일 것이다. 예술에서는 항상 독창성이 요구되는데 그 독창성이 의미를 갖는 것은 작품에 영속성이 있기 때문이다.

다빈치의 〈모나리자〉는 몇 백 년이 지나도 그대로 다빈치의 〈모나리자〉다. 어느 사이에 세잔느의 〈모나리자〉가 되어버리는 일은 절대로 일어나지 않는다. 하지만 카렘의 밀푀유는 다르다. 200년 후에 누군가가 카렘의 레시피를 이용해서 밀푀유를 만들었다고 해도, 그 밀푀유는 그것을 만든 누군가의 '밀푀유'이지 결코 카렘의 '밀푀유'는 아니다.

결론적으로 말하면, 어떤 과자에도 엄밀한 의미로서의 오리지널리티는 존재하지 않는다는 것이다. 이렇게 단정적으로 말해 버리면 자부심이 강한 파티시에들에게 반발을 사겠지만, 절대로 파티시에를 얕보는 의미로 하는 말은 아니다. 오히려 그 반대이다. 오리지널리티가 없는 것은 오히려 과자의 장점이며 그것이야말로 과자를 발전시켜 온 원동력이기 때문이다.

오귀스트 줄리앵이 만든 사바랭을 예로 들자. 사바랭은 『미각의 생리학』이란 미식에 관한 책으로 유명한 19세기 초반의 인물이다. 그런데 오귀스트 줄리앵이라는 파리의 파티시에가 1840년대 전반, 이 인물의 이름을 붙인 과자를 만들었다.

오귀스트 줄리앵이 활약한 19세기 중반 무렵은 카렘을 정점으로 하는 구 시대의 파티스리에서 피에르 라캉과 몇몇 사람들이 주도하는 새로운 파티스리로 이행하는 시기로, 현대 프랑스 과자의 여명기라고 할 수 있는 시대이다. 이 시기에 빛을 발했던 것이 오귀스트 줄리앵을 포함한 줄리앵 삼 형제, 쥘 구페, 시부스트와 같은 혁신적인 파티시에들이다. 그들은 그 당시까지 오로지 귀족이나 부르주아가 주문한 파테나 탱발, 볼로방 등을 만들던 파티시에의 가게를, 가게 앞에서 대면판매를 주력으로 하는 현대적인 파티스리 가게로 진화시켰고 그 기초를 쌓아 올렸다.

특히 줄리앵의 참신한 발상에는 눈이 휘둥그레질 정도이다. 책의 형태로 자신들의 업적을 후대에 전하지 못한 탓에 지금은 그 이름들이 거의 잊혀졌지만 당시에는 혁신적인 과자 만들기로 파리에서도 가장 인기가 높은 파티시에였다.

그들의 업적은 과자에만 머물지 않고 굽는 틀이나 기구, 도구의 창작 같

(좌)구페의 '파티스리의 책'에 삽입된 사바랭 그림. (우)구페의 '파티스리의 책'에 삽입된 트루아 프레르 그림. 이 독특한 모양은 줄리앵 형제가 고안한 틀에 의한 것이다.

은 관련 분야에까지 이르렀다. 트루아 프레르라고 하는 줄리앵 가게의 스페셜리티는 삼 형제를 상징적으로 표현한 과자인데 그 특이한 형태는 그들이 만들어낸 틀로 인해 생긴 것이었다.

사바랭 또한 줄리앵의 주방에서 탄생한 걸작 중 하나였다. 이스트로 발효시킨 브리오슈 타입의 반죽을 약간 딱딱하게 굽고 양주로 풍미를 더한 시럽에 흠뻑 적신 이 과자는 판매를 시작하자마자 파리 시민들의 주목을 받아 인기상품이 되었다.

사바랭이라는 과자 이름은 미식가 브리야 사바랭의 이름에서 영감을 얻어 지은 것이다. 이것은 사바랭의 네임밸류가 그가 사망한 지 20년 가까이 지난 1840년대에도 여전히 사람들의 이목을 끌기에 충분했다는 것을 의미한다.

과자 사바랭이 오귀스트 줄리앵의 창작이라는 건 피에르 라캉이 자기 저서 속에서 이 과자를 '사바랭 줄리앵'이라 소개한 것으로 봐도 의심할 여지가 없지만, 사실 이 과자에는 원형이 존재한다. 줄리앵은 바바라고 하는 18세기부터 있던 옛 과자를 바탕으로 그것을 다소 응용해 사바랭을 만들어냈다. 그것은 요리역사가가 아니더라도 알고 있는 확고한 사실이다. 때문에 사바랭의 오리지널리티와 관련해서 줄리앵이 주장할 수 있는 점이 있다면, 기껏해야 세련된 스타일과 풍미를 내기 위해 사용한 시럽의 독자성 정도일 것이다.

게다가 그 바바에도 원형이 되는 과자가 존재한다. 그렇다면 그 바바의 원형이 되는 과자도 애당초 오리지널이라고 할 수 있을까? 아니다, 그것 또한 의심스럽다. 이를테면 어디까지 가도 종점 없는 철도와 같다.

하지만 그렇다고 해서 사바랭을 가짜라든가, 흉내 낸 것이라고 비난하는 사람이 어디에 있을까? 오귀스트 줄리앵의 이름은 사라진다 해도 명과 사바랭이 가진, 관능적인 양주의 향과 넋을 잃을 듯한 달콤함은 언제까지나 사람들을 매료시킬 것이다. '어떤 과자도 엄밀한 의미에서 오리지널리티는 존재하지 않는다.' 이제 이 말이 결코 파티스리의 세계를 얕보는 것이 아니라는 것을 이해하겠는가?

먹보 임금님이 좋아한 음식

사바랭의 원형이 된 바바에는 사바랭보다 훨씬 재미있고 훨씬 거짓말 같은 에피소드가 있다.

마들렌 편에서 등장했던 스타니슬라스 렉친스키라는 인물을 기억하는가? 로렌 공국의 시골 마을 코메르시에 머무르던 중 농가의 젊은 아가씨가 구운 구움 과자에 감격해서 그 과자에 아가씨의 이름을 하사했다고 하는 먹보 왕이다.

이 왕은 여하튼 먹는 것을 좋아했다. 그 정도가 심해져서 직접 주방에 섰다가 요리에 손을 데었다고 하는 일화가 있을 정도이다.

그런 사람이므로 다른 과자 에피소드에도 이따금 등장한다. 바바의 탄생 비화에도 렉친스키의 존재는 빠질 수가 없다.

스타니슬라스 렉친스키는 18세기 전반 불안정한 유럽의 역사 속에서 정치적 격동의 파도에 휩쓸려, 두 번에 걸쳐 폴란드 왕의 자리에 앉았다가 쫓겨나는 일을 반복했다. 그렇게 그는 파란만장한 생애를 보낸 후, 결국 사위인 프랑스 왕 루이 15세의 인정에 기대어 로렌공국의 영주가 된 인물이다.

카리스마가 부족한 인물이라 왕으로서는 부적격했을지 모르지만, 그의 능력은 식(食)의 영역에서 꽃을 피웠다. 필시 스타니슬라스 자신도 정치보다 먹는 쪽에 관심이 더 높다는 것을 자각했을 것이다. 로렌의 뤼네빌에 있는 저택에 정착하기 전부터 그는 자타가 공인하는 미식가였다.

바바가 탄생한 내막에는 몇 가지 설이 있다.

스타니슬라스에게는 그가 특히 좋아하는 과자가 있었다. 그것은 이스트로 발효시킨 반죽을 구워낸 빵의 일종이었는데, 그는 이 과자를 그대로 먹지 않고 일부러 조금 건조시킨 다음 그가 좋아하는 말라가 와인에 조금씩 적셔가면서 먹었다고 한다.

고전적인 바바 오 럼. 이 모양으로 인해 부숑(샴페인의 코르크 마개)이라고 불리기도 한다. 현대 프랑스과자에서는 바바와 사바뱅은 거의 동일시되며 파리의 과자점에서 볼 수 있는 바바도 사바랭 틀로 구워진 것이 대부분이다. 바바는 웬일인지 이탈리아 남부에서 매우 대중적인 과자가 되었는데, 그 바바는 이 사진과 같은 옛날 스타일을 유지하고 있는 점이 흥미롭다

그러던 어느 날, 무심코 손이 미끄러져 과자를 와인 잔 속에 떨어뜨리고 말았다. 그는 와인으로 흠뻑 젖은 과자를 꺼내서 잠시 망설인 다음 조심조심 입에 넣었다. 그런데 이게 무슨 일인가? 그것은 그 어떤 것보다 부드럽고 향긋한 과자로 변해 있었다. 감격한 스타니슬라스는 이것을 그때까지 존재하지 않았던 완전히 새로운 과자로 미식리스트에 올렸고, 당시 폴란드에서도 번역되어 인기를 얻고 있던 『아라비안나이트』와 관련지어 '알리 바바'라는 이름을 붙였다. 이 '알리 바바'는 후에 줄여 그저 '바바'라고 불리게 되었다고 한다.

19세기 초반 파리에서 『식통연감』을 쓴 그리모 드 라 레니에르도 저서에서 바바의 유래에 관해 언급하며 바바는 렉친스키가 창작했다고 썼다.

그러나 이것에 관해서는 물론 다른 설도 존재한다.

이때 등장하는 것이 스타니슬라스와 나란히 바바 설에서 빼놓을 수 없는 또 한 명의 인물, 니콜라 스토레다.

파리의 몽트뢰유 거리에는 지금도 '스토레'라는 파티스리가 있다. 현존하는 파리의 가장 오래된 과자점으로 불리며, 정면에는 역사적 건축물임을 알리는 머릿돌이 자리 잡고 있다. 이 가게야말로 스토레가 1730년에 창설하여 바바를 전 세계에 널리 알린 발신지라 할 수 있다.

그 스토레의 기록에 의하면 바바는 그가 렉친스키 가문의 주방에서 일했던 1700년대 초반에 주인인 스타니슬라스를 위해 창작한 것이라고 한다.

그 무렵 스타니슬라스로부터 새로운 미식을 대령하란 명령를 받은 스토레는 심히 고민한 끝에 시골 과자인 구겔호프를 스타니슬라스가 좋아하는 말라가 와인에 담그는 것을 생각해냈다. 구겔호프는 예전부터 스타니슬라스의 식탁에 오르던 것으로, 그가 좋아하는 음식 중 하나였다. 그러나 왕이 '이 과자를 먹으면 목이 말라서 곤혹스럽다.'며 늘 한탄하던 것을 떠올려 바바를 생각해낸 것이다. 스토레가 이 새로운 과자를 공손히 왕에게 내밀자 스타니슬라스는 약간 의아스러운 표정을 보였다. 여태껏 이렇게 흠뻑 젖은 과자를 본 적이 없었기 때문이다. 그러나 그 표정은 과자를 입에 넣자마자 완전히 바뀌었다. "어찌 이토록 맛있을까!" 왕은 감격해서 이 새로운 과자를 '알리 바바'라고 명명했고, 그 경위는 앞의 설과 동일하다. 단지 다른 게 있다면 스토레는 왕에게 경의를 표하며, 이 과자의 창작자라는 영예를 스타니슬라스에게 양보했다는 것이다.

사실 일화라는 것은 진실과 꾸며낸 거짓이 뒤섞인 이야기이다. 그러므로 이 두 가지 설 중 어느 쪽이 진짜라고 주장하지는 않겠다. 한 가지 말할 수 있는 것은 스토레는 그 후, 스타니슬라스의 딸 마리가 프랑스 왕 루이 15세에게 시집간 것을 계기로 마리와 함께 베르사유 궁으로 이주하여 그곳에서도 왕과 왕비를 위해 계속 바바를 만들었다는 것이다. 이윽고 스타니슬라스는 파리 시내에 자신의 가게를 냈고, 가게의 스페셜리티 중 하나로 바바를 판매해서 인기를 얻었다. 그 결과 바바는 궁정뿐 아니라 서민 사회에서도 널리 퍼지게 된 것이다.

그러나 현대의 연구에서는 바바란 이름은 『아라비안나이트』와는 아무 관계도 없으며, 폴란드를 포함한 동유럽에 예부터 전해오는 바브카(Babka)라는 과자에서 따왔다는 설을 인정하고 있다. 덧붙여서 말하면 바브카라는 것은 '할머니'라는 의미이다. 그 이름 그대로 나이 든 여성들의 손을 거쳐 기나긴 세월 동안 전해져 왔다는 뜻이다. 그런데 이것이 독일(옛날의 프로이센)에 전해져 독일풍 이름이 붙여졌단다. 즉 구겔호프(프랑스에서는 쿠글로프)이다.

학술적으론 신빙성이 높은 설이지만 앞의 설들에 비해 재미가 부족한 이야기라 다소 심심하게 느껴진다.

생 토노레를 둘러싼 이모저모

가톨릭의 세계에는 수호성인이라는 것이 존재한다. 다양한 지역이나 직업마다 개별적으로 수호성인이 있으며 이 수호성인이 그 지역의 안녕과 사업 번창을 수호해 준다고 한다.

과자점에도 물론 수호성인이 있다. 성 미카엘, 즉 '생 미셸'이다. 이 수호성인에게 보호를 받고 싶은 의식의 발현인지, 프랑스 파티시에 조합에는 생 미셸 협회라는 명칭이 붙어있다.

빵집(블랑제)의 수호성인은 '생 토노레(성 오노레)'다.

오노레는 6세기에 실재했다고 하는 아미앵의 성직자로 매우 검소한 삶을 살았다. 그러던 어느 날, 그의 할머니가 마침 빵을 굽고 있을 때 오노레의 이마에 이상한 기름이 흘러내렸다. 할머니는 손자가 성화(聖化)되었다고 확신하고 밖으로 나가 오디의 싹을 딴 다음 그것을 지면에 뿌렸다. 만약 싹에서 뿌리가 뻗으면 그것은 기적이 일어났다는 확실한 증거가 되리라 생각한 것

이다. 생각했던 대로 싹은 순식간
에 무럭무럭 자라났고 눈 깜짝할
사이에 한 그루의 나무가 되었다.

구페의 『파티스리의 책』에 삽입된 생 토노레 그림

이것이 성 오노레가 탄생한 순
간이라는 얘기인데, 이때 할머니
가 굽고 있던 것이 빵이라서
정말 다행이다. 이것이 가령 닭
고기였다면 성 오노레는 지금쯤
분명 닭고기의 수호성인이 됐을
것이고, 파리의 명과 생 토노레도
만들어지지 못했을 것이다.

파브르의 『실용요리대사전』에 삽입된 생 토노레 그림

여기에서 생 토노레를 언급
한 것은 이 과자를 창작한 것이 사바랭과 마찬가지로 오귀스트 줄리앵이
라는 설이 있기 때문이다. 그렇게 주장하는 과자 전문가는 한두 사람이 아
니다.

한편, 생 토노레의 창작자에 관한 또 하나의 유력한 설이 있다. 줄리앵 형
제와 동시대에 활약한, 뛰어난 파티시에인 시부스트 설이다. 시부스트 설의
근거는 두 가지이다.

하나는 시부스트가 운영하는 제과점이 파리의 생 토노레 거리에 있었
던 것이다. 시부스트는 자신의 가게가 있는 지역의 이름과 블랑제 수호신
의 이름에 경의를 표하며 새롭게 창작한 과자에 생 토노레란 이름을 붙였
다는 것이다.

그리고 또 하나는 생 토노레를 채우는 크림이 전통적으로 크렘 시부스트라는 사실이다.

크렘 시부스트는 크렘 파티시에르(커스터드 크림)에 머랭을 섞어 가볍게 한 것으로, 본래는 가게의 스페셜리티인 타르트 시부스트를 위해 고안된 크림이었다. 이 크림을 사용했으므로 생 토노레와 시부스트가 관련이 없을 리 없다는 논법은 꽤 설득력이 있는 것처럼 보인다.

이렇듯 시부스트 설의 우세는 바꾸기 힘든 것처럼 여겨진다. 그러나 이것에 맞서 줄리앵 설을 주장하는 논자는 오귀스트 줄리앵이 생 토노레가 세상에 나온 1840년대 후반에 시부스트의 가게에서 일하고 있었으며 그때 생 토노레를 창작한 것이라고 과감하게 반론한다.

하지만 유감스럽게도 줄리앵이 시부스트의 가게에서 일했다는 증거는 그 어디에도 없다. 연대적으로도 1840년대 후반에 줄리앵은 이미 가게를 창업했으며 그가 시부스트의 가게에서 일할 이유가 없었던 것이다.

이러한 증거들로 일단 여기에서는 시부스트 설이 유력하다고 해두겠지만 약간의 의문이 남는 건 사실이다.

19세기 말에 활약했으며 요리나 과자의 역사에 대한 저서를 남긴 조셉 파브르와 피에르 라캉의 책에는 생 토노레는 현재와 같은 슈 반죽을 사용해서 만든 과자가 아니라, 본래 브리오슈 반죽을 사용해서 만들었으며 안에 채우는 크림도 거품을 낸 생크림이었다고 분명히 적어 놓았다. 원래부터 크렘 시부스트가 아니었던 것이다.

이 책에는 여름철에 생크림을 얻기가 힘들어 그 대용품으로 시부스트를 사용하게 되었다고 그 이유까지 설명해 놓았다. 시기적으로도 틀림없이 1850년대보다 나중일 것이다.

그러나 1840년대 후반 처음 만들어졌을 때, 생 토노레가 실제로 어떤 것이었는지 지금은 아무도 알 수 없으므로 누구의 설이 맞고 누구의 설이 틀린지 확인할 방법은 없다.

프랑스의 명과 중 하나인 생 토노레는 브리오슈와 슈 반죽, 거품을 낸 생크림, 크렘 시부스트를 형성하는 크렘 파티시에르와 머랭으로 이루어진 과자이다. 그런데 이것들을 보면 모든 것이 그 시대에 창작된 것이 아니라 카렘의 시대부터, 아니 그보다 훨씬 이전부터 파티시에들에게 애용되어 오던 소재임을 알 수 있다.

그런 의미에서 생 토노레의 참신함과 오리지널리티도 예로부터 친숙한 소재를 조합하는 방법의 참신함이자 오리지널리티에 지나지 않는다고 할 수 있는 것이다.

'과자는 예술이다.'

이 말에 거짓은 없다. 그러나 그 예술은 독창적인 파티시에 혼자서 만드는 것이 아니다. 그것은 수백 년에 걸쳐 쌓아 올려진 과자 역사와의 공동작업이라 할 수 있다.

파티시에라면 누구라도 그 사실을 마음 한구석에 조용히 새겨 두어야 할 것이다.

뷔슈 드 노엘

Bûche de Noël

전통적인 크리스마스 디저트라 하면
당신은 무엇을 떠올리는가?
브랜디, 견과류, 설탕에 절인 과일이
듬뿍 들어가 씹는 맛이 있는 과일 케이크?
하드 소스와 함께 레이즌이 가득 들어있는
따뜻한 플럼 푸딩?
아니면 형형색색의 아이싱으로 꾸민
크리스마스 장식 모양의 버터 쿠키?
그렇다. 뷔슈 드 노엘. 초콜릿 케이크에
풍미 가득한 크림을 채우고
전통적인 장작 모양으로 말아낸,
그 멋진 프랑스의 뷔슈 드 노엘을
잊어서는 안 된다.

*

「오렌지 코스트 매거진」
1986년 12월호 중에서

풍습은 쇠퇴하고 과자는 번영하다

뷔슈 드 노엘이란 이름을 들었을 때 연상되는 것은 무엇인가? 아마도 크리스마스 시즌에 프랑스 전역의 과자점 앞에 진열되는 장작 모양의 케이크가 아닐까. 확실히 프랑스인들도 뷔슈 드 노엘이라고 하면, '크리스마스 케이크'라고 대답하는 사람이 대부분일 것이다. 그러나 뷔슈 드 노엘이 원래부터 케이크를 뜻했던 것은 아니다.

1777년에 출간된 책에 이런 문장이 있다.

'시골 사람들은 크리스마스 미사에서 뷔슈 드 노엘을 태운 재를 집으로 가져다가 봄에 보리 씨앗에 섞어두면 해충이나 잡초로부터 보리를 지킬 수 있다고 믿는다. 그러나 이것은 비난받아 마땅한 미신이다.'

여기에 등장하는 뷔슈 드 노엘은 물론 과자가 아니다. 본래의 의미인 크리스마스의 뷔슈, 즉 장작을 말한다. 아직 이 시대에는 과자 뷔슈 드 노엘이

탄생하지 않았던 것이다.

크리스마스에 장작을 태우는 풍습은 예로부터 프랑스뿐만 아니라 유럽 각지에 있었다. 본래는 지금으로부터 약 천 년 전에 유럽 북부에 정착한 앵글로색슨족의 토착풍습에서 유래한 것이었다. 그런데 그리스도교가 널리 퍼짐에 따라 크리스마스트리와 마찬가지로 이러한 이교도의 풍습을 그리

스도교가 받아들여 크리스마스와 결합한 것이다. 이 풍습은 비교적 최근까지 영국에 남아있었다.

뷔슈 드 노엘은 영어로 율 로그(Yule log)라고 한다. 율은 그리스도의 강탄제, 즉 크리스마스를 의미한다. 로그는 로그 하우스(통나무집)라는 말이 있듯이 통나무를 뜻한다.

이 통나무를 크리스마스 때 태우는 것은 앞의 인용문에도 적혀 있듯이 거기에 신비로운 힘이 깃들어 있다고 믿었기 때문이다. 그러나 그 신비로운 힘이 재에만 있는 것도 아니고 농작물의 풍작을 가져올 만한 것도 아니었다. 오히려 장작이 탈 때 치솟는 불길이 중요했으며 그 힘이 미치는 범위도 농사뿐만 아니라 행운이나 행복, 번영과 같은 폭넓은 것이었다.

이 풍습의 근저에 있는 것은 태양의 빛과 온기를 향한 갈망이었다. 크리스마스 시즌을 떠올려 보자. 그리스도가 탄생했다고 알려진 12월 25일은 1년 중 어떤 계절인가? 애당초 그리스도가 태어난 날짜에 관해 확실한 근거가 있을 리도 없는데 왜 12월 25일로 정해진 걸까?

이 의문을 푸는 열쇠는 '동지'이다.

동지는 1년 중 가장 낮이 짧고 밤이 긴 날이다. 해에 따라 변동은 있지만 현대 유럽에서는 대체로 12월 21일이나 22일이다. 천문학적 지식이 없었던 옛날 사람들은 이 낮이 짧고 밤이 긴 하루에 특별한 의미를 부여했다. 왜냐하면 이날을 기점으로 어둡고 추운 밤의 지배가 끝나고 밝고 따뜻한 낮이 다시금 힘을 되찾기 시작한다고 여겼기 때문이다. 밝고 따뜻한 낮이 가져다주는 것은 농작물의 풍작과 사람들의 활기찬 삶이었다.

그러므로 옛날 사람들은 동지를 신비롭고 특별한 날로서 축하했다. 그리스도의 탄생일도 요컨대 언제라도 관계없었겠지만, 동지에 담긴 서민의 빛과 온기를 향한 소망을 발 빠르게 이용해서 12월 25일로 정한 것이다. 또한, 이것을 정한 것은 서기 345년 그리스도교의 공회 때였다고 전해지는데 그 진위야 어찌됐든 옛날 그리스도교의 높은 분 중에도 지혜를 발휘한 분이 있었다는 얘기다.

뷔슈 드 노엘을 태우는 불길에 불가사의한 힘이 깃들어 있다고 믿은 것은 그것이 태양의 재생을 상징했기 때문이다.

그렇다면 그 뷔슈 드 노엘이 과자로 변신한 것은 언제이며 또 어떤 경위로 그렇게 된 걸까?

이것은 여느 때와 같이 미스터리이다. 많은 자료에서 정설처럼 설명하고 있는 것은 피에르 라캉이 1898년에 창작했다는 것인데, 확실히 그 해에 발행된 라캉의 『과자의 역사적, 지지적 비망록』이라는 책에는 뷔슈 드 노엘의 레시피와 삽화가 실려 있다. 그러나 라캉은 거기에서 뷔슈 드 노엘을 창작한 것이 자신이라는 얘기는 단 한마디도 하지 않았다.

뷔슈 드 노엘의 레시피는 1899년에 발간된 조세프 파브르의 『실용요리대사전』에도 실려 있는데, 여기에서도 창작자의 이름은 전혀 언급되지 않았다. 게다가 과자로서 뷔슈 드 노엘에 대한 언급은 1894년에 출판된 『영국 요리와 과자』라는 책 속에 이미 등장하므로, 라캉이 아니라 누구라도 1898년에 창작했다고 판정하는 것은 다소 무리가 있어 보인다.

이런 면에서 뷔슈 드 노엘에 대한 피에르 라캉의 공적은 단지 그 레시피

Bûche de Noël.

Fig. 613. — Gâteau bûche, ou bûche de Noël.

피에르 라캉의 책에 실린 뷔슈 드 노엘의 그림(위)
조세프 파브르의 책에 실린 뷔슈 드 노엘의 그림(아래)

피에르 라캉(1836–1902)

를 처음으로 책 속에 기록했다는 것밖에 없다.

뷔슈 드 노엘의 기원에 관해서는 피에르 레온포르트라는 프랑스의 저널
리스트가 2000년 12월 17일자 〈피가로〉지(紙)에서 꽤 흥미롭게 다뤘었다.
그럼 이제부터 레온포르트가 쓴 「뷔슈 드 노엘, 그 들쑥날쑥한 역사」란 칼
럼 내용을 간단히 소개하겠다.

레온포르트는 우선 뷔슈 드 노엘의 풍습에 대해 간략히 소개한 다음,
피에르 라캉의 1898년 책에 뷔슈 드 노엘의 레시피가 실려 있다는 사실
을 확인한다. 프랑스 남부의 도시 부아롱에 있는 유명한 초콜릿 가게 '보나

(Chocolatier Bonnat)'의 창업자인 펠릭스에 대해 언급하고, 1884년 펠릭스의 레시피 수첩에 초콜릿 가나슈로 만든 뷔슈의 레시피가 실려 있었으며, 이 레시피는 1860년경 리옹에서 만들어진 것이라고 적혀 있다고 소개했다.

과연 그 레시피가 뷔슈 드 노엘의 진정한 오리지널인 걸까? 그에 관해 수첩의 주인인 펠릭스는 유감스럽게도 아무런 언급도 하지 않은 것으로 보인다.

다음으로 레온포르트는 '파리의 유명한 과자점인 라뒤레에 따르면 뷔슈 드 노엘은 19세기 후반에 파리의 파티시에가 창작했다.'고 하는 다소 애매한 설을 다루고 있다. 이 설이 애매한 것은 그 파티시에가 어느 가게의 누구인지 나와 있지 않기 때문이다.

다음 설은 이것에 비하면 훨씬 그럴듯하게 느껴진다. 장 폴 에방은 현대 프랑스를 대표하는 쇼콜라티에 중 한 사람으로, 그와 함께 『파리구르망』이라는 책을 쓴 엘렌 뤼르사는 그 책에서 이렇게 주장한다. "뷔슈 드 노엘은 1834년에 파리 '라 비에이유 프랑스'의 파티시에가 전통적인 크리스마스 장작 대용품으로 초콜릿 버터크림을 이용해 나무껍질과 꼭 닮은 디저트를 만들어냈다."

'라 비에이유 프랑스'는 예부터 파리에 있던 제과점인데 1834년은 이 가게가 창업한 해로, 창업하자마자 뷔슈 드 노엘을 탄생시켰다면 이것은 상당히 혁신적인 가게였다는 얘기이다. 그러나 이 연대가 의심스럽다. 왜냐하면, 1834년에는 현대적인 의미의 파티스리가 아직 발전도상에 있었기 때문이다. 사바랭이나 생토노레 같은 현대 프랑스 과자의 시초가 되는 명과가 탄생한 것도 1840년대 이후의 일이라는 것은 앞서 적은 바와 같다. 그래서 스펀지 반죽의 롤에 버터크림을 곁들인 뷔슈 드 노엘 같은 현대적인 과자가 그 이전에 만들어졌다고는 생각하기 어렵다.

가령, 뷔슈 드 노엘을 처음 만든 것이 '라 비에이유 프랑스'의 파티시에였다고 해도 그 시대는 1834년이 아니라 훨씬 뒤였을 것이다.

그런 연유로 결국 레온포르트도 뷔슈 드 노엘의 진짜 기원은 파헤치지 못했다. 그러나 '라 비에이유 프랑스' 설에서 한 가지 주목해야 할 것은 전통적인 크리스마스 장작 대신 닮은 모양의 과자를 만들었다는 점이다.

왜 장작 대신에 과자가 필요했던 걸까?

이것에 대해서는 요리 저널리스트인 마이케르 쿠롱드르가 재미있는 이야기를 썼다.

과자인 뷔슈 드 노엘이 등장한 19세기 후반은 서민적인 부르주아가 대두한 시기이다. 대부호인 부르주아나 귀족의 저택과 달리, 그들의 집은 좁고 설비도 간소했다. 그러나 전통적인 뷔슈 드 노엘에 사용하는 뷔슈는 거대했다. 장작이라고 하면 작은 것을 상상하기 마련인데, 크리스마스 장작은 로그 즉 통나무 자체였다. 왜냐하면, 뷔슈 드 노엘 또는 율 로그는 불을 붙인 후, 크리스마스가 끝날 때까지 절대 불이 꺼져서는 안 됐기 때문이다. 그것은 사람들의 소망이 담긴 불이어서 도중에 꺼지면 소망도 함께 사라지는 것이었다. 그래서 뷔슈 드 노엘은 적어도 3일간은 계속해서 타야만 했다.

그렇게 긴 시간 동안 계속해서 타기 위해서는 그만큼 커다란 장작이 필요했다. 그러나 대부호의 큰 저택이면 몰라도, 서민적인 프티부르주아가 사

난로에서 태우는 통나무는 로프로 묶어 다 함께 끌어당긴다.
Christmas: Its Origin And Associations (1902)의 삽화 중에서.

는 아파트에는 통나무를 지필 수 있을 만한 난로가 갖춰져 있지 않았다. 또한, 아파트의 높은 층까지 통나무를 옮기는 일도 결코 쉽지만은 않았을 것이다.

그래서 뷔슈는 점점 작아지고, 이윽고 집에 난로가 없는 집이 늘어남에 따라, 결국 길모퉁이 제과점에서 손쉽게 살 수 있는 뷔슈 드 노엘을 애용하게 된 것이다.

현재는 크리스마스에 통나무를 지피는 풍습은 완전히 사라져 버렸다. 그러나 그것을 대신한 과자인 뷔슈 드 노엘은 프랑스뿐만 아니라 전 세계 여기저기에서 인기를 얻으며 대표적인 크리스마스 케이크라는 지위를 누리고 있다.

푸딩에 담긴 영국인의 정열

프랑스와 영국이라는 유럽 두 대국의 힘겨루기는 천 년 이상의 긴 역사 속에서 반복되어왔다. 과자도 예외는 아니다. 그렇다면 뷔슈 드 노엘이라는 프랑스를 대표하는 크리스마스 케이크에 대항하는 영국의 크리스마스 케이크는 무엇일까?

영국인에게 이 질문을 해 보면 틀림없이 돌아오는 답은 이것이다.

'당연히 플럼 푸딩이죠!'

영국은 푸딩의 나라이다. 예부터 지금까지 실로 다양한 푸딩이 영국의 식탁을 채워 왔다. 그 종류는 몇 백 아니 몇 천 개에 달하며 푸딩만을 다룬 요리책이나 제과책도 많이 나와 있다.

물론 프랑스에도 푸딩이나 그와 비슷한 음식이 없는 것은 아니지만 그 유래를 더듬어 가 보면 거의 모든 것이 영국에서 출발한 것이다. 예를 들어 프랑스의 달콤한 푸딩으로 잘 알려진 크렘 캐러멜은 영국의 커스터드 푸딩의 변형이다. 크렘 캐러멜의 베이스가 되는 크림을 '크렘 앙글레즈'라고 부르는데, 이것이 영국에서 유래한 것이라는 사실을 가리키는 가장 정확한 증거이다. 앙글레즈가 바로 '영국의'란 의미이기 때문이다.

이처럼 가지각색의 영국 푸딩 중에서 가장 잘 알려져 있고 가장 자주 만들어 먹는 것이 플럼 푸딩이다. 그 지명도뿐만 아니라 당당한 외관과 품격 넘치는 존재감만 놓고 봐도 그야말로 푸딩의 왕자라고 불릴 만한 푸딩 중의 푸딩이다.

플럼 푸딩은 오로지 크리스마스 때 만들어지기 때문에 크리스마스 푸딩

크리스마스 푸딩 Made and photographed by Musical Linguist in December 2005.

이라고 불린다. 그 레시피는 지금까지 출판되어 온 대부분의 제과 책에 실려 있다. 그 중 가장 오래된 레시피는 1788년에 나온 『요리기법』이란 책에 실린 것이다.

'수이트(소 허리살 주변의 단단한 지방)' 1파운드를 잘게 썬 다음 커런트 1파운드와 씨를 뺀 레이즌을 넣고 섞어 둔다. 달걀 8개를 잘 휘저은 다음 ½파인트의 우유를 넣고 잘 섞는다. 이것에 1파운드의 밀가루를 조금씩 체에 치면서 넣어 섞고, 마지막으로 커런트 및 레이즌을 섞은 수이트와 넛메그 간 것, 생강, ½파인트의 우유를 넣고 섞으면서 굳기를 조절한다. 그리고 중탕으로 5시간 가열한다.'

이 레시피를 보고 이상한 점을 발견하지 않았는가? 이상하게도 플럼이 들어가지 않았다.

플럼 푸딩이므로 재료 속에 당연히 플럼이 들어 있을 거라고 누구나 생각할 것이다. 그러나 플럼은 어디에도 보이지 않는다. 위의 레시피가 특이한 것이 아니라 다른 요리책의 레시피를 봐도 재료 중에 플럼은 발견할 수 없다. 그 대신 반드시 들어 있는 것이 수이트와 커런트, 레이즌이다.

플럼이 들어 있지 않은데, 왜 플럼 푸딩이란 이름이 붙여진 것일까? 『옥스퍼드영어사전(OED)』은 플럼 푸딩을 다음과 같이 설명하고 있다.

'이 푸딩에는 원래 플럼이 사용되었기 때문에 그 이름이 붙여졌다. 그 후 레이즌을 플럼 대신에 사용하게 되었고 플럼이라는 단어도 레이즌을 의미

하게 되었다.'

이 설명에서 '원래'라는 것이 언제쯤을 가리키는지 확실하진 않지만 18세기 이전이라는 것은 확실하다.

플럼 푸딩이 크리스마스와 결부된 경위에 대해서도 실은 여러 가지 설이 뒤섞여 있다. 그중에서도 재미있는 것이 '1714년 영국 왕 조지 1세의 크리스마스 디너 설'이다.

조지 1세는 왕좌에 앉고 처음으로 맞는 크리스마스인 1714년 12월 25일 디너에 플럼 푸딩을 내오도록 가신에게 명령했다. 이것을 계기로 크리스마스에 플럼 푸딩이 만들어지게 되었으며, 그런 까닭으로 조지 1세는 '푸딩 킹'이라는 애칭으로 불리게 되었다.

이것이 그 설의 개요다. 그러나 기묘하게도 이 설을 뒷받침할 자료는 전혀 존재하지 않는다. 20세기 들어서부터 일부 저널리스트나 요리연구가들이 갑자기 얘기하기 시작했고, 그것이 일반에 퍼져 정착한 것이다. 게다가 그 저널리스트나 요리연구가들은 그 근거에 대해서는 왜 그런지 침묵을 지키고 있다.

이 의문에 요리역사전문가이자 현역 퀴지니에 파티시에인 아이반 데이가 명쾌한 답을 던져 주었다. 데이는 1911년에 발행된 스트랜드지에 실린 「왕실의 가정생활」이란 기사를 찾아냈다. 이 기사는 영국왕실의 승인 하에 게재된 것으로, 1911년 크리스마스의 왕실 일가 모임에 대해 쓴 것이었다. 그중에 다음과 같은 기술이 적혀 있다.

'아침 식사 후 황태후로부터 답례가 있었다. 그것은 아이들이 크리스마스

식사를 즐기도록 하기 위한 맛있는 음식으로, 그중에는 전통적인 칠면조 로스트나 소시지, 플럼 푸딩이 포함되어 있었다. 특히 플럼 푸딩은 조지 1세 시대부터 왕실에 대대로 계승되어 왔으며 지금도 원저성의 주방에 보관된 레시피를 바탕으로 만들어진 것이었다.

데이는 이 기사가 20세기에 들어와 조지 1세의 플럼 푸딩에 관한 얘기가 급부상한 기원이 되었으리라 추측했다. 참으로 정곡을 찌르는 추리라고 할 수 있다.

실제로 플럼 푸딩을 크리스마스 때 먹는 관습은 중세 무렵부터 있었다고 전해진다. 그 레시피는 현재와 달리 고기가 들어간 보다 요리에 가까운 것이었다.

그 시대에는 겨울이 되기 전인 늦가을에 가축을 도살해서 식육으로 가공하는 것이 보통이었다. 그러나 아무리 기온이 낮은 계절이라고는 해도 날고기를 장기간 보관해 두는 것은 불가능했다. 그래서 말린 과일, 향신료와 함께 섞어 자루에 채우고 가열해서 자루째 들보에 매달아 건조시켜 보관했다. 그런데 마침 그 시기가 크리스마스나 공현절 시기와 겹쳤기 때문에 그것을 크리스마스 음식의 특별재료로 이용하게 됐을 것이다.

또 다른 이유도 생각할 수 있다.

플럼 푸딩에는 다양한 재료가 들어간다. 수이트, 레이즌, 달걀, 우유, 향신료…… 그러나 단순한 재료로 간단하게 요리했던 당시의 요리에 비하면 이것은 매우 사치스럽고 맛있는 음식이었다. 이것이 어느 정도로 사치스러운 음식이었는지는 17세기 중반에 영국에서 일어난 청교도 혁명 때 모든 사치

찰스 디킨스의 '크리스마스 캐럴'을 위해 그려진 존 리치의 삽화.
이것은 구두쇠이며 탐욕스러운 스크루지 영감 앞에 나타난 3번째 유령이
스크루지의 눈 앞에 크리스마스 날의 즐거움을 실제로 나타내 보인 장면.
맨 앞 마루 위의 접시에 공 모양의 크리스마스 푸딩이 보인다.
그 오른쪽은, 이것도 크리스마스 하면 빼놓을 수 없는 민스 파이

를 배척한 혁명정부에 의해 플럼 푸딩 만드는 것이 금지되었다는 일화에서 짐작할 수 있다. 그래서 플럼 푸딩은 영국인들에게 있어 크리스마스와 같이 특별한 때에만 먹는 음식이 된 것이다.

뷔슈 드 노엘의 불길이나 재와 마찬가지로 플럼 푸딩에도 사람들에게 번영과 행복을 가져다주는 세속 신앙이 존재한다. 영국에서는 플럼 푸딩을 만드는 것이 일종의 세레머니로 여겨질 정도다. 그 세리머니는 다음과 같이 행해진다.

만들기 시작하는 것은 크리스마스 기간인 애드벤트(재림절)가 시작되기 직전의 일요일이다. 우선 엄마가 사전 조리를 한다. 그리고 다음으로 가족 모두가, 적어도 모든 아이가 차례대로 반드시 한 번씩은 반죽을 휘젓는다. 그때 신에게 소원을 비는데, 반죽 속에 부를 상징하는 은화,

즐거운 크리스마스 푸딩 만들기.
재료를 섞고(위) 자루에 채워 익히고(중간)
자, 드세요(아래) 19세기 판화 중에서.

또는 은으로 된 소품을 섞는 일도 자주 행해진다. 은이 부를 상징하기 때문이다. 현재는 반죽을 틀에 채우고 증기로 쪄내지만 옛날에는 틀을 사용하지 않고 천 자루에 채워서 가열했다. 틀에 채우는 것은 그렇게 하는 편이 간편하기 때문인데, 전통을 중시하는 사람은 지금도 여전히 자루를 이용해 만들기도 한다.

조금 옛날이지만 1868년에 나온 『런던 소사이어티』라는 책 속에는 이런 문장이 있다.

'천에 의해 생긴 주름이 그 사랑스러운 공 모양에 부드럽게 녹아들어, 어쩌면 그토록 우아한 윤곽을 만들어 냈는지! 그것은 바로 나의 기쁨이다! 나는 천을 사용하지 않고 만든 크리스마스 푸딩은 좋을 게 없다고 진심으로 믿는다. 천을 사용하는 것은 전통의 일부이며 결코 건성으로 해서는 안 되는 일이다.'

플럼 푸딩에 대한 영국인의 뜨거운 정열이 전해지지 않는가?

프랑스의 뷔슈 드 노엘과 영국의 플럼 푸딩. 양쪽 모두 각국의 국민성이 드러나 있어 재미있다. 물론 크리스마스 과자는 다른 나라에도 있다. 독일과 이탈리아, 그 밖의 나라에도 그 나라 나름의 전통적인 크리스마스 과자가 있으며 저마다 흥미로운 일화가 전해진다.

예를 들어 네덜란드권 나라에는 크리스마스 때 만들어지는 스페큘라스(Speculaas)란 과자가 있으며 그 특유의 모양에는 꽤 심오한 의미가 숨겨져 있다고 한다.

Episode 13

팽 데피스

Pain d'épice

제4의 시인 : (손에 든 브리오슈를 바라보며)
이 브리오슈는 모자를 비스듬히 썼어.
(이빨로 그 모자를 베어 먹는다)
제1의 시인 : 이 뺑 데피스 녀석,
안젤리카의 눈썹이 붙은 아몬드의 눈으로,
배고픈 풋내기 시인을 노려보다니!
(뺑 데피스를 덥석 문다)
제2의 시인 : 들어봐야겠구먼.
제3의 시인 : (슈를 손끝으로 가볍게 누르며)
이 슈는 크림으로 된 침을 흘리고 있어.
이런, 웃고 있네.
제2의 시인 : (과자로 만든 큰 하프를 베어 먹으며)
하프로 배를 채운 것은 처음이야.

*

에드몽 로스탕(Edmond Rostand),
『시라노 드 베르주라크』 중에서

역사의 무게가 느껴지는 과자

빵 데피스는 매우 오래된 과자이다. 이미 이 과자는 1680년 『프랑스어 사전(dictionnaire français)』에 독립된 항목으로 실려 있다. '빵 데피스 : 명사, 남성. 꿀과 호밀가루, 네 가지 향신료로 만든 반죽을 가마에서 구워, 1리브르(500g) 한 덩어리로 작게 자른 것을 판다.'

전통적인 빵 데피스

꿀과 호밀가루, 또는 밀가루를 사용해서 만드는 빵 데피스는 모든 빵, 과자의 원형이라고도 할 수 있다. 그 과자의 기원은 고대로 거슬러 올라간다. 이렇게 원시적이라고도 할 수 있는 과자가 기나긴 역사 속에서 다양한 제법의 개량과 재료의 개선을 거쳐 결국 현대의 빵과 과자로 진화해 온 것이다.

앞의 사전에 등장한 '네 가지 향신료'는 프랑스어로 카트르 에피스(Quatre épices), 지금도 프랑스 요리의 레시피에 자주 등장하는 기본 향신료이다. 보통 계피, 육두구(넛메그), 정향(클로브), 통후추를 가리킨다.

잘 알다시피 처음부터 프랑스에 향신료가 있었던 것은 아니다. 향신료는 중세 무렵까지도 인도 등 동양의 산지로부터 이슬람 각국을 거쳐 아주 적은 양이 수입되었다. 본격적인 향신료의 보급은 15세기부터 17세기까지, 유럽 각국의 대범선이 세계 7개 바다를 돌아다니며 아시아 남북아메리카 대륙의 각지를 식민지화하면서부터 이루어졌다. 콜럼버스가 1492년에 나섰던 항해의 목적도 향신료 무역에서 이권을 획득하는 것이었다고 알려져 있다.

그의 당초 목표는 아메리카 대륙이 아니라 인도였다. 따라서 빵에 향신료를 사용하게 된 시기는 대항해시대 이후의 일이다.

원래 유럽 지역에서 생산되지 않았던 향신료는 아랍지역을 거쳐 수입되었다. 그러나 항해를 통해 손에 넣을 수밖에 없었기 때문에 다른 물품에 비해 입수하는 데에 당연히 비용이 더 들었으며, 중세 이전에는 더없이 귀중한 고가의 물품이었다. 향신료 10g의 가격은 금 10g의 가격과 맞먹는다고 할 정도였다.

그런데 이런 고가의 향신료가 왜 빵 데피스 같은 서민적인 식품에 쓰이게 되었을까? 이는 유럽 각국의 식민지정책이 급속히 진행되면서 유통경로가 안정되어 향신료를 쉽게 손에 넣을 수 있었기 때문이다. 게다가 유럽 각지에서도 향신료를 재배하게 되자 희소성도 떨어졌다.

향신료는 원래 식품이라기보다 약품이었다. 일상적인 음식인 빵에 향신료를 넣은 이유도 향신료에 부패를 억제하는 효능이 있다고 믿었기 때문이다. 실제로 빵 데피스는 보존식의 기능을 하기도 했다. 비스킷과 마찬가지로 빵 데피스도 장기간에 걸친 여행용 식품으로 애용되었다. 식품의 보존기술이 미숙했던 당시 몇 개월간 보존할 수 있는 빵 데피스는 바로 시대의 요구에 부합하는 음식이었던 것이다.

그런데 앞에서 소개한 『프랑스어 사전』에는 빵 데피스 항목에 이어 '빵 데피시에(Pain d'épicier)'라는 항목도 있다. '빵 데피시에 : 명사, 남성형. 빵 데피스를 만들어 파는 사람'

그 뒤에는 '그 가게는 파리에서 가장 훌륭하고 가장 호사스러운 빵 데피시에다.'라는 용례가 덧붙여져 있다.

'뺑 데피시에'는 단순한 명사가 아니다. 파티시에나 불랑제와 마찬가지로, 앙시앵 레짐(프랑스 혁명 이전의 체제) 아래 공인된 코르포라시옹(길드) 중 하나였다. 한 자료에 의하면 뺑 데피시에가 코르포라시옹으로 그 지위를 굳힌 것은 1571년의 일로, 1596년에 랭스의 뺑 데피시에 조합이 앙리 4세로부터 정식으로 인가를 받았다고 한다. 프랑스 북부 샹파뉴지방의 고도 랭스(Reims, 옛 Rheims)는 예부터 뺑 데피스의 산지로 알려져 있다.

『삼총사』의 저자로 알려진 알렉상드르 뒤마는 자신의 방대한 저작『요리대사전』에서 다음과 같이 말한다. '먼 옛날부터 훌륭한 뺑 데피스는 랭스에서 만들어졌다. 15세기 후반, 루이 12세 시대에 이미 그 명성이 자자했다. 파리에서도 같은 과자가 만들어지고 있으나 그 순위는 두 번째다.'

또, 1782년에 출판된 르그랑 도시의『프랑스인의 사생활사』제2권의 「파티스리」라는 장에도 이런 문장이 있다. "샤를 에티엔(15세기 초반의 해부학자)이 살았던 시대에는 랭스의 뺑 데피스가 이미 명성을 얻고 있었다. 샹피에(15세기 초반의 의사)에 의하면 파리에도 유명한 뺑 데피스가 있었으나 그것에는 꿀이 들어있지 않았다.

15세기 후반 랭스는 크로케(Croquet)란 다른 종류의 뺑 데피스로 다시금 유명해졌다. 우리는 쇼류(17세기 후반의 시인)의 많은 시 속에서 그가 여성에게 랭스의 크로케를 선물한 일을 읊은 아름다운 시 구절을 읽을 수 있다.

사실 쇼류가 크로케에 대해 쓴 것은 시가 아니라 라세 공작부인에게 보낸 편지에서였다. 여기에 나오는 랭스의 크로케는 딱딱한 비스킷 형태의 빵 데피스다. 크로케라는 말 자체가 바삭바삭한 식감을 나타내는 것이다. 견과류 등에 설탕을 발라 바삭바삭하게 구워낸 과자 크로캉이나 다양한 재료에 빵가루를 묻혀 기름에 바삭하게 튀긴 크로켓이라는 요리는 같은 부류라고 할 수 있다.

18세기 무렵까지는 파리에도 빵 데피스 장수(Marchand de Pain d'épices)가 많이 있었고, 사람들이 모이는 장소에서 "클링커예요, 클링커. 멋진 클링커, 아니스가 들어있는 빵 데피스예요."라고 소리를 지르면서 오고 가는 사람들에게 크로케를 파는 모습을 자주 볼 수 있었다고 한다. 이 클링커라는 말도 크로케에서 파생된 것으로 추정된다.

파리의 빵 데피스는 2순위라는 평가를 들었지만, 예부터 파리 사람들에게 친숙한 과자인 만큼 그들이 빵 데피스에 갖는 애착은 강했다. 18세기부터 19세기로 넘어갈 무렵 파리에는 몇 군데나 되는 빵 데피스 전문점이 존재했다. 당시의 구르망(식도락가)이 꼭 휴대해야 했던 미식 가이드북인 그리모 드 라 레니에르의 『식통연감 제6권』에도 어김없이 '빵 데피스 제조소'라는 항목이 기록되어 있다.

"파리에서 가장 뛰어난 빵 데피스 제조소는 몽타뉴 생트 주느비에브의 아망디에 거리에 있는 에말의 가게다. 이곳에서 볼 수 있는 멋진 과자는 빵 데피스 뿐만이 아니다. 노네트(생강빵 케이크)나 마카롱, 수플레 등 꿀과 호밀가루의 완벽한 결합으로 얻어진 모든 제품이 일품이다."

사실 겉보기에 수수하고 딱딱하고 독특한 풍미를 지닌 빵 데피스는 화려하고 맛있는 현대 프랑스 과자들 사이에서 주목받을 만한 존재는 아니다. 그러나 그 묵직한 질감을 통해 오랜 역사의 무게를 느낄 수 있다.

빵 데피스는 씹으면 씹을수록 감칠맛이 난다. 마치 "아직 젊은 사람에게 지지 않아!"라고 말하는 완고한 노인처럼 기개가 넘치는 과자이다.

산타클로스는 누구인가?

빵 데피스가 딱딱한 비스킷 형태라고 설명하면, 빵을 잘 아는 사람은 영국의 진저 브레드나 독일의 레브쿠헨을 떠올릴지도 모른다. 사실 이러한 과자들은 크로케라고도 불리는 빵 데피스의 친척이라고 할 수 있다.

영어에서는 '허니 브레드'라고 하는 이 과자들의 기원 역시 빵 데피스와 마찬가지로 대단히 오래되었다. 이탈리아 남부의 칼라브리아라는 작은 고장에는 고대 로마 시대부터 전해오는 무스타치올리(Mustaccioli)라는 비스킷이 있다. 이것은 밀가루와 물, 꿀, 그리고 모스토(mosto)라 하는 포도의 압착액으로 만드는 딱딱한 비스킷이다. 무스타치올리라는 이름은 재료 중 하나인 모스토(영어로 must, 프랑스어로 mosto)에서 유래했다.

무스타치올리는 다양한 모양으로 만들어져 구워졌다. 특히 이탈리아 남부 지방의 제과점들은 이것을 성 로코에게 바치는 공물로 만들었다. 다친 사람의 손이나 발, 해당 부분의 모양으로 무스타치올리를 구워 빨리 낫기를 기도하며 성축일에 바쳤다고 한다. 또, 사람들은 성축일에 평안을 기원하며 무스타치올리를 성인의 조각상에 문지른 다음에 봉납 바구니에 넣었다. 이 무스타치올리는 다음날 판매되었고 그 수익은 마을 사람들의 축제를 위한 비용으로 쓰였다고 한다.

지금까지도 무스타치올리는 나폴리 근교에서 크리스마스나 부활절을 위한 과자로 유명하다. 그러나 이것은 마름모꼴의 쿠키에 초콜릿을 입힌 것으로 옛날의 스타일은 거의 남아있지 않다. 고대 로마의 무스타치올리는 세월이 흐름에 따라 점차 북쪽 지역으로 전파되면서 다양한 변주를 만들어내며 유럽 각지로 퍼져 나갔다. 이렇게 전파되는 과정에서 그때까지 없었던 향신료가 첨가되었는데, 십자군 원정이 그 배경이라는 설이 가장 유력하다.

영국에서 무스타치올리는 진저 브레드로 불린다. 빵 데피스가 그 초기에 대단히 고가였던 것처럼 진저 브레드도 14세기 무렵까지는 귀중품이었다. 1285년의 어느 기록에 의하면 영국에서는 진저 브레드 1파운드의 가격이 12실링으로 치즈 12파운드의 가격과 같은 것이었다.

진저 브레드는 잘 알려진 바와 같이 사람 모양으로 성형되어 구워지는 경우가 많다. 이 진저맨은 때때로 영혼을 부여받아 사람들을 불안과 곤란에서 구해내는 영웅의 임무를 다한다. 텔레비전이나 영화에서 애니메이션의 캐릭터로도 자주 등장하기 때문에 아이들에게는 최고의 인기 캐릭터이다.

진저 브레드는 네덜란드에서 스페큘라스(Speculaas)라 불리며 종교적인 의미를 띤다. 스페큘라스는 다양한 모양으로 만들어지는데 그중에서 성 니콜라스를 모티프로 한 것이 주를 이룬다. 성 니콜라스는 3세기부터 4세기에 걸쳐 실존했다고 알려진 그리스도교의 성인이다. 정교회가 전하는 바로는 덕이 높은 인물이라 평생에 걸쳐 다양한 선행을 베풀었다고 한다. 유명한 에피소드로는 다음과 같은 것이 있다.

　니콜라스가 주교를 맡고 있던 마을에 한 상인이 있었다. 이 상인은 정직한 사람으로 장사도 순조롭게 하고 있었다. 그러던 어느 날 사소한 실패가 원인이 되어 파산하고 말았다. 이 상인에게는 딸이 셋 있었는데, 셋 다 결혼이 예정되어 있었다. 그러나 파산해 딸들의 지참금을 준비하는 일조차 도저히 생각할 수가 없었다. 심지어 상인은 딸들을 팔아넘겨야만 하는 상황에 몰리게 되었다. 때문에 상인과 딸들은 매일 울며 지냈다. 그러던 중 지나가는 길에 창문 틈 사이로 이를 목격한 니콜라스는 그들을 구하기 위해 3일 밤에 걸쳐 조용히 창문을 통해 금화를 던져 넣었다고 한다. 그 덕분에

(좌) 창문을 통해 파산한 상인의 집 안으로 금화를 던져 넣는 성 니콜라스. 젠티레 다 파브리아노의 그림.
1425년. (우) 성 니콜라스의 축일. 얀 스텐의 그림. 1665년경. 오른쪽 아래에 보이는 네모난 과자가
바로 스페큘라스이다

상인은 파산에서 구제되었고 딸들을 무사히 시집 보낼 수 있었다.

성 니콜라스는 왜 스페큘라스의 주요한 모티프가 되었을까? 성 니콜라스가 죽었다고 알려진 12월 6일은 성 니콜라스 축일로 북유럽에서는 이날 아이들에게 과자를 나눠주는 풍습이 있는데, 그 과자에 스페큘라스가 이용되었기 때문이다. 축일이 다가오면 작은 것은 길이 20㎝, 큰 것은 1m 이상의 스페큘라스가 과자점 앞에 진열된다. 그래서 이 과자를 성형하기 위한 나무틀도 옛날부터 많이 만들어졌다.

성 니콜라스를 모티프로 한 스페큘라스 중에는, 니콜라스의 발밑에 세 명의 아이들이 있는 도안도 있는데 여기에는 조금 무서운 전설이 숨어있다.

세 명의 아이들이 길을 잃고 숲 속을 헤매던 중에 한 채의 농가를 발견했다. 주인에게 하룻밤 재워달라고 부탁하자 선량해 보이는 주인은 흔쾌히 아이들을 집 안으로 불러들였다. 한밤중, 깊이 잠든 아이들의 침대에 슬그머니 다가선 한 그림자. 바로 선량해 보였던 주인이었다. 주인의 얼굴은 악마같이 일그러져 있었다. 그의 손에는 커다란 고기용 칼이 들려있었다. 주인은 아이들을 덮쳐 거대한 통에 넣고 소금에 절였다.

7년이 지난 후 농가에 어느 손님이 찾아왔다. 손님은 주인에게 먹을 것을 요구했다. 주인이 이것저것 내놓았지만 손님의 마음에 차지 않았다. 마지막으로 그 손님은 주인에게 이렇게 고했다. "내가 원하는 음식은 네가 7년간 소금에 절여 온 것이다." 이 말을 들은 주인은 놀라서 집을 뛰쳐나갔고 그대로 도망쳐 버렸다. 집에 남은 불가사의한 손님은 안쪽의 방에 놓인 거대

성 니콜라스의 스페큘라스.
발밑에 통에서 얼굴을 내민
아이들 3명의 모습이 보인다.

한 통 옆에 서서 땅을 지팡이로 두드린 다음 통을 가리켰다. 그러자 통 안에서 3명의 아이들이 차례로 되살아났다. 그 불가사의한 인물은 물론 성 니콜라스다.

유럽에서는 성 니콜라스가 12월 5일 밤부터 6일 아침까지 변장을 하고 모든 집마다 찾아다니며 아이들에게 과자를 나눠준다는 전설이 예부터 전해온다. 그래서 이날은 언제부터인가 어른이 아이들에게 선물을 나눠주는 날이 되었다.

네덜란드어로 성 니콜라스를 '신터 클라스'라고 한다. 이것이 우리에게 친숙한 산타클로스의 원형이다. 사실 산타클로스가 태어난 고향은 핀란드의 라플란드가 아니라 미국이다. 17세기부터 18세기에 걸쳐 미국으로 이민한 네덜란드계 사람들은 고향의 풍습에 따라 12월 성 니콜라스의 축일을 신터 클라스의 날로 축하했다.

이 축제가 점차 미국 각지로 퍼지면서 억척스러운 상인들 눈에 띄게 되었다. '선물을 보내는 성인 신터 클라스라고? 크리스마스의 상징으로 만들고 장사에 이용할 수 있겠는걸?' 그리하여 신터 클라스, 즉 산타클로스는 18세기 중반에 미국의 비즈니스 시장에 데뷔하게 된 것이다.

순록이 끄는 썰매에 선물을 수북이 쌓고 하늘을 날아다니는 산타클로스의 이미지는 1821년 클레멘트 무어의 시 「산타클로스 할아버지」에서 처음 등장했다고 한다. 그 첫머리는 이런 구절로 시작한다.

기쁨이 가득한 산타클로스 할아버지
순록은 얼어붙은 밤을 뛰어다니네.
향하는 곳은 굴뚝 꼭대기, 뒤에는 눈 위의 발자국
너에게 올해의 선물을 전하기 위해

이 이미지를 그림으로 그려 사람들에게 산타클로스의 모습을 각인시킨 것은 19세기 후반에 활약한 미국의 풍자화가 토마스 나스트였다. 나스트는 가정을 대상으로 한 잡지인 〈하퍼스 위클리〉를 무대로 수많은 산타클로

산타클로스가 찾아왔다. 토마스 나스트의 그림. 1872년

스 그림을 발표했고 이것으로 인해 현대의 산타클로스상이 정착한 것이다.

그런데 이 성 니콜라스의 전설에는 어두운 이면이 있다. 성 니콜라스가 아이들에게 과자를 나눠준다는 이야기는 이미 했으나, 이 성인이 모든 아이에게 과자를 안겨주는 것은 아니다. 오로지 착한 아이에게만 나눠주는 것이다. 착한 아이만이 성 니콜라스에게 과자를 받을 수 있다. 그렇다면 나쁜 아이는? 나쁜 아이는 물론 과자를 받을 수 없다. 그러나 그뿐만이 아니다.

성 니콜라스에게는 그림자와 같이 항상 뒤따르는 수행원이 있는데 그의 이름은 주아르테 피트라다. 그는 새털장식이 달린 모자를 쓰고 검은 얼굴, 뿔뿔이 흩어진 검은 머리카락, 요란한 색깔로 된 중세풍 옷을 몸에 걸치고 성 니콜라스의 뒤를 따라다니며 그가 과자를 주지 않은 나쁜 아이를 잡아먹어 버린다. 세 명의 아이들을 소금에 절였던 농가의 주인도 주아르테 피트의 변형이라고 할 수 있을 것이다.

검은 수행원에 대한 이야기는 네덜란드뿐만 아니라 유럽 전역에 존재한다. 독일어권에서는 크람프스 또는 크네시드 루프레히트라고 불리며 가난한 농민의 옷차림을 하고 나타난다. 프랑스어로 산타클로스를 페르 노엘이라고 하는데 이 페르 노엘에게도 페르 푸에타르라는 그림자 수행원이 있다. 프랑스에서는 지금도 아이가 장난을 치면 "페르 푸에타르가 올 거야!"라고 말하며 겁을 준다.

누구에게나 자상하고 덕망 높은 성 니콜라스와 잔혹하고 무도하며 악의 화신과도 같은 주아르테 피트. 이렇게 선과 악의 양극단이 함께 한다는 점에는 유럽 문화의 본질이 내재되어 있다. 선과 악, 빛과 그림자, 낮과 밤, 안

심과 불안. 페르 노엘과 페르 푸에타르.

이렇게 정반대의 성질이 서로 이웃하고 있는 것은 모든 유럽인의 마음에 깃든 소망과 공포를 반영하고 있다. 그리고 그 근원에는 신과 악마의 존재가 있다. 그렇게 생각해보면 유럽 사람들에게 크리스마스란 아시아, 비그리스도교 국가의 사람들이 생각하는 것처럼 그저 낭만적인 행사만은 아닐지도 모른다.

'마녀의 집'에서 '토니의 빵'까지

영국에선 진저맨이었고 네덜란드에서는 스페큘라스가 된 과자는 독일에선 호니히쿠헨이 되어 크리스마스를 더욱 즐겁게 만든다. 호니히는 '꿀'이라는 뜻이다. 이 명칭에서 알 수 있듯이 호니히쿠헨의 주원료는 꿀이다. 일반적으로는 레브쿠헨이라고 불리며, 예부터 독일에서는 크리스마스 기간에 이 과자를 먹었다. 이 레브쿠헨을 크리스마스의 헥센하우스(마녀의 집)의 소재로 사용하게 된 것은 아마도 그림동화 '헨젤과 그레텔'의 영향일 것이다.

1842년에 루드비히 리히터가 그린
헨젤과 그레텔의 삽화

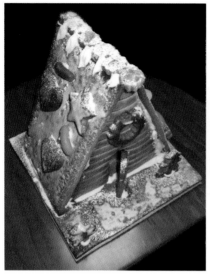

(좌) 레브쿠헨으로 만든 헥센하우스. (우) 레브쿠헨을 만드는 독일의 옛날 풍경.
테이블 위에 있는 것이 나무 틀. 1520년

가난한 부모에 의해 숲 속에 버려진 어린 남매 헨젤과 그레텔은 길을 헤매던 끝에 매우 아름다운 오두막집에 도착한다. '가까이 다가가 보니 그 오두막집은 전체가 빵으로 만들어져 있었으며 많은 과자로 덮여 있었고, 창문은 반짝반짝 빛나는 설탕이었습니다.'

여기에서 '빵(brot)'라고 하는 것은 레브쿠헨이다. 이 이야기의 배경은 18세기로 독일이 심각한 기근에 시달리던 시기였다. 어쩐지 이 동화의 분위기는 성 니콜라스의 전설에 나오는 소금에 절여진 아이들 이야기를 연상시킨다. 그러나 여기에는 아이들을 구해주는 성인은 등장하지 않는다. 그레텔은 마녀를 보기 좋게 따돌리고 활활 타오르는 아궁이 속으로 밀어서 죽여 버린다. 그리고 헨젤과 함께 마의 숲을 탈출해 수많은 보석을 가지고 아버지의 곁으로 돌아간다. 아무래도 이 아이들 내면에는 선과 악, 성 니콜라스와 주아르테 피트가 공존하고 있는 듯하다.

독일에는 침트 슈테른(시너먼 별)이라는 크리스마스 쿠키가 있고 크리스마스에 먹는 과자 슈톨렌도 유명하다. 반면 이탈리아의 크리스마스 케이크는 뭐니 뭐니 해도 파네토네다. 세로로 긴 원통형의 이 과자는 프랑스의 브리오슈와 많이 닮았다. 다만 브리오슈와 달리 파네토네에는 건포도, 오렌지필, 레몬필 등이 들어 있어서 한층 더 고급스러운 풍미를 느낄 수 있다.

파네토네는 그 탄생 비화가 잘 알려져 있다. 어느 해 크리스마스. 밀라노 공국의 공작 루도비코 마리아 스포르차는 궁정에 많은 손님을 초대해 만찬회를 개최했다. 요리가 순조롭게 나오고 마침내 디저트가 나와야 하는 순간 주방의 셰프가 큰 실수를 저지르고 말았다. 만들고 있던 디저트를 깜빡하여 새카맣게 태워버린 것이다. "이건 도저히 손님들 식탁에 낼 수 없어!" 셰프가 당황해 하는 그때, 홀에서 식사하던 손님들의 외침이 들려왔다.

"디저트는 아직이야? 디저트는 어떻게 된 거야!" 셰프는 새파랗게 질려서 벌벌 떨었다. '루도비코 공작님은 격노할 것이 틀림없어. 어쩌면 목을 벨지도 몰라.' 어찌해야 좋을지 모른 채 그저 허둥대는 셰프 앞에 한 젊은이가 쭈뼛쭈뼛 나섰다. 설거지를 담당하던 토니라는 이름의 소년이었다. 토니는 떨리는 목소리로 초췌해진 셰프에게 말했다. "아뢰옵기 황공하오나, 제가 남은 재료로 디저트를 만들어 보았습니다. 안에는 달걀, 버터, 건포도를 넣어 보았습니다. 괜찮으시다면 봐 주십시오."

(위) 침트 슈테른. (아래)크리스마스 장식이 달린 파네토네.

토니가 가리킨 것은 옆에 놓인 큰 빵이었다. 원통형 모양으로 노릇노릇하고 맛있는 색으로 구워져 있었다. 셰프는 의심스러운 눈초리로 토니와 빵을 번갈아 보았다. 하지만 그에게 선택의 여지는 없었다. 셰프는 마지못해 그 디저트를 홀로 옮기도록 했다. 손님들은 기다림에 지쳤다는 듯 힘없이 그 디저트를 입에 댔다. 그 순간, 셰프는 자신의 귀를 의심했다. 손님들이 모두 입을 모아 이렇게 외쳤던 것이다. "브라보! 이런 훌륭한 디저트는 여태껏 먹어본 적이 없어!" 루도비코 공작도 특별히 셰프가 있는 곳으로 찾아와 디저트가 훌륭하다며 칭송했다. 그 성공을 순순히 기뻐할 수 없었던 사람은 오직 셰프뿐이었다. 결국 진상이 밝혀지고 사람들은 토니를 칭찬하며 그가 만든 새로운 디저트에 '팡 델 토니(토니의 빵)'라고 이름 붙였다. 이렇게 해서 팡 델 토니는 나중에 그 이름이 파네토네로 변모해 크리스마스 과자가 된 것이다.

물론 이 일화는 구전된 것이므로 신빙성이 부족하다. 그러나 평소 주방 한구석에서 허드렛일을 하던 소년이 우연한 기회를 잡아 영웅이 된다는 꿈같은 이야기를 통해 사람들은 언젠가 나에게도 희망이 찾아올지도 모른다는 기대감을 품었을 것이다. 가혹한 현실 속에서 억눌려 살아가던 서민들에겐 이 이야기 자체가 최고의 크리스마스 선물이었던 것이다.

Episode 14

타르트 타탱

Tarte Tatin

숙모(Tata), 당신의 타르트 타탱이
삼촌(Tonton)을 유혹하고 있어요.
통통 타타 타 타르트 타탱 타타
Tata, ta tarte tatin tenta Tonton
Tonton tata ta tarte tatin, Tata.

*

**프랑스의
『빠른 말놀이(잰 말놀이)』 중에서**

실패는 성공의 어머니

명과의 탄생에 얽힌 이야기에는 여러 갈래가 있는데, 그중 '실패가 낳은 과자'도 하나의 줄기를 이루고 있다. 예를 들어 '프랄리네' 같은 경우를 살펴보자.

옛날 프랄랭 공작의 요리사가 아몬드를 사용해 작업하고 있었는데, 제자 한 명이 실수로 뜨거운 캐러멜이 든 냄비를 뒤엎어 버렸다. 요리사는 제자를 꾸짖기는 했지만, 캐러멜이 뿌려진 아몬드를 버리기가 아까워 무심결에 입에 넣었다. "세상에! 어쩜 이렇게 맛있지?" 요리사는 약삭빠르게 캐러멜이 뿌려진 아몬드에 주인의 이름을 빌려 '프랄리네'라는 이름을 붙여 공작의 식탁에 올렸고, 공작은 몹시 흡족해했다. 이렇게 해서 프랄리네는 명과의 리스트에 오르게 된 것이다.

'가토 망케'라는 과자도 파티시에가 비스퀴 드 사부아를 잘못 만든 데서 탄생했다. 공정이 잘못된 반죽을 버리기 아까워 그대로 구웠는데, 뜻밖에도 풍미가 좋은 과자가 만들어졌던 것이다. 그래서 그대로 신제품으로 판매했다고 한다. 덧붙이자면 망케(Manqué)는 프랑스어로 '실패'란 의미이다.

이러한 에피소드는 생각보다 많다. 앞서 두 가지 예도 사실인지는 확실치 않지만 대중에게 쉽게 어필할 수 있는 이야기이므로 후세의 누군가가 이 이야기들을 창작했을 가능성도 있다. 말하자면 대중이 만든 설인 셈이다.

지금부터 소개할 '타르트 타탱' 탄생의 유래도 불과 백 년 전에 일어난 일임에도 불구하고 어떤 의미에서는 이미 전설이 된 것처럼 느껴진다.

타르트 타탱은 아는 바와 같이 브리제 반죽 위에 캐러멜리제 사과를 올린 디저트이다. 일반적인 애플파이처럼 파이 케이스 안에 사과 충전물을 채우고 굽는 것이 아니라, 정반대로 틀 바닥에 버터를 깔고 설탕을 뿌린 다음 사과를 채우고 마지막으로 브리제 반죽을 덮어 굽는다. 그것을 거꾸로 뒤집어서 접시에 얹기 때문에 영어로 '업사이드다운 애플 케이크'라고 하기도 한다. 이렇게 독특한 제조과정이 이 타르트의 인기 비결이다.

타르트 타탱의 유래에 관해 기록한 서적이나 자료는 무수하게 많다. 그만큼 유명하고 많은 관심을 받아 온 과자라고 해도 과언이 아니다. 다양한 장소에서 이야기되어 온 타르트 타탱의 탄생 비화에 대한 내용은 대략 다음과 같다.

19세기 말, 파리에서 남쪽으로 약 160㎞ 떨어진 솔로뉴 지방의 시골 마을 라모트 뵈브롱에 작은 호텔이 하나 있었다. 솔로뉴 지방은 수렵으로 유명한 지역으로, 스테파니와 카롤린 자매가 운영하던 타탱 호텔 역시 사냥꾼들이 주 고객이었다. 그들은 낮에는 사냥감을 쫓아 솔로뉴의 숲을 힘껏 뛰어다니고, 저녁 무렵이 되면 피로를 풀고 공복을 채우기 위해 타탱 자매의 호텔에 들렀다.

수렵이 한창이던 어느 일요일, 호텔의 레스토랑은 수렵을 마친 사냥꾼들로 몹시 붐볐다. 스테파니는 여느 때와 같이 요리 준비를 마치고 디저트 준비를 시작했다. 타탱 호텔에서 가장 인기 있는 디저트는 바

타르트 타탱

로 사과 타르트였다. 스킬렛(긴 손잡이가 달린 프라이팬)에 버터를 듬뿍 넣은 후 설탕을 뿌리고 자른 사과를 넣어 가볍게 소테한 다음, 브리제 반죽을 깐 타르트 틀에 채워 오븐에서 구웠다.

그런데 그날은 유난히 레스토랑에 다 들어가지 못할 정도로 손님이 몰려들었다. 스테파니는 너무 바쁜 나머지 스킬렛을 불에 올린 채 다른 일에 몰두했고, 사과를 소테하고 있다는 사실을 깜빡 잊고 말았다.

정신을 차렸을 때는 스킬렛에서 연기가 피어오르고 캐러멜 탄 냄새가 났다. 사과는 이미 너무 많이 가열된 상태여서 평상시처럼 타르트를 만들 수가 없었다. 디저트를 낼 시간은 다가오고 초조한 스테파니는 궁여지책으로 브리제 반죽을 얇게 밀어 스킬렛 표면에 씌운 다음 오븐 안으로 밀어넣었다.

이윽고 브리제 반죽이 노릇노릇하게 구워지자 스테파니는 스킬렛을 조심조심 오븐에서 꺼냈다. 그리고 큰 접시를 그 위에 덮고 거꾸로 뒤집어서 실패작임이 명백한 디저트를 옮겨 담았다. 그런데 다시 보니 결과가 생각만큼 나쁘게 보이지 않았다. 사과의 표면을 덮은 다갈색의 캐러멜은 윤기가 흘렀고 향기로운 냄새마저 감돌았다. 스테파니는 불안한 마음을 억누르며 태연한 얼굴로 그 디저트를 손님의 테이블에 내놓았다.

결과는 예상했던 것 이상이었다. 사람들로부터 큰 호평을 얻었을 뿐만 아니라 타르트에 대한 소문이 주위에 퍼지면서 오로지 그 새로운 디저트를 맛보기 위해 일부터 호텔을 방문하는 사람이 생겨나기 시작했다. 이렇게 해서 타탱 호텔의 유명한 스페셜리티, 타르트 타탱이 탄생한 것이다.

이 에피소드에는 몇 가지 다른 버전이 있다. 그러나 스테파니의 실패가 새로운 디저트를 만들어냈다는 핵심적인 부분은 똑같다. 예를 들어, 스테파니가 바쁜 나머지 사과 타르트를 오븐에 넣을 때 위아래를 뒤집어 넣었다는 설도 있다. 이 설은 타르트 타탱의 공식 사이트란 곳에 소개되어 있으나 이것은 정설이 아니다. 공식사이트에 적혀 있으므로 사실이라고 생각하겠지만 타르트 타탱에 관한 이야기는 어떤 것이나 명백히 증명할 길이 없다.

호텔 타탱은 지금도 라모트 뵈브롱 지역에서 계속 운영되고 있으며 호텔의 스페셜리티는 물론 변함없이 타르트 타탱이다. 그러나 타탱 자매가 1900년대 초반에 잇달아 사망한 후 경영자도 몇 번이나 바뀌었으며, 자매가 경영했을 무렵 호텔의 기록은 남아있지 않다. 즉, 어느 설이 맞고 어느 설이 맞

(좌) 현재까지도 운영되고 있는 타탱호텔
(우) 호텔 앞에서 찍은 타탱자매의 사진 (둘째줄 왼쪽이 카롤린, 오른쪽이 스테파니)

(위) 타탱자매가 직접 사용했던 오븐
(아래) 1960년대에 타탱호텔에서 타르트 타탱을
만들 때 쓰던 도구

지 않는지를 판정할 근거는 거의 존재하지 않는다는 것이다.

이런 이유로 애당초 타탱 자매가 타르트 타탱을 창작하지 않았다는 의견도 나왔다. 사실, 솔로뉴 지방에는 예부터 위아래를 거꾸로 해서 만드는 '가토 랑베르세'라는 과자가 있었으며 타탱 자매는 단순히 이를 응용했을 뿐이라고 주장하는 것이다.

전설이란 실제 이상으로 과장되기 마련이다. 타탱 자매의 실패에서 탄생했다고 알려진 타르트 타탱의 탄생 에피소드도 사람들의 호기심을 자극하는 이야기이기 때문에 끊임없이 구전되어 왔다. 입에서 입으로 전해질 때마다 이야기꾼들의 아주 작은 창작이 더해져 결국은 무엇이 진실인지 누구도 알 수 없게 되어 버린 것이다.

시골 마을에서 화려한 도시 파리로

타르트 타탱은 현재 라모트 뵈브롱의 명과일 뿐만 아니라 프랑스를 대표하는 고전 과자가 되었다. 이런 과자를 가스트로노미 세계의 정식무대로 이끈 공로자는 바로 퀴르농스키다.

퀴르농스키는 20세기 최대의 미식가(에피큐리언, Epicurean)이라고 불린 인물로, '선택받은 가스트로노미 왕'이란 별명을 가진 저널리스트다. 그의 대표적인 저서로는 프랑스 각지의 미식과 이를 제공하는 레스토랑을 소개할 목적으로 쓰인『프랑스 가스트로노미크』가 있다. 1921년부터 7년간에 걸쳐 일 년에 4권씩 간행되었는데 한 권에 한 지역을 다뤘다. 이 책은 자동차 여행이 널리 보급되던 시대의 미식 가이드북으로 많은 독자로부터 지지를 얻었다. 이 저서들은 퀴르농스키의 명성을 단번에 높여주었으며 프랑스 지방 요리를 사람들에게 재인식시키는 데 큰 역할을 했다.

『프랑스 가스트로노미크』의 '오를레앙 편(1926년 발행)'에 라모트 뵈브롱의 특미로 '타탱 자매의 타르트(Tarte des Demoiselles Tatin)'가 소개되었다. 타르트 타탱을 다룬 책이 없었던 것은 아니지만 퀴르농스키라는 이름의 영향력은 절대적이었다. 이를 계기로 타탱 자매의 타르트는 파리의 미식가들에게까지 알려지게 되었다.

그리고 타르트 타탱이 타탱 자매의 실패에서 만들어졌다는 이야기도 유머감각이 풍부했던 퀴르농스키가 꾸며낸 이야기라는 설도 있다. 만약 이 추측이 사실이라면 타르트 타탱의 보급에 있어서 퀴르농스키의 공헌도가 현재보다 훨씬 더 높게 평가될 것이다.

타르트 타탱이 파리에 처음 등장한 시기는 1930년대 말로, 파리에서 1, 2위를 다투는 고급레스토랑인 맥심에서였다. 그 이래로 이 타르트는 확고부동한 명성을 얻었으며 유행에 민감한 여성들의 열렬한 지지를 얻어 왔다. 그들은 타르트 타탱이 시골 마을의 작은 호텔에서 탄생하였단 걸 모른 채 그것이 맥심의 스페셜리티라 믿었고, 한결같이 그 세련되고 맛있는 타르트를 극찬했다.

그러던 중 발단은 명확하지 않지만 1960년대 초반 타르트 타탱 붐이 일어났다. 맥심과 같은 고상한 레스토랑뿐만 아니라 뒷골목의 작은 비스트로까지 앞다투어 타르트 타탱을 디저트로 내놓았고, 이와 동시에 당연하게도 타르트의 가격은 짧은 기간 동안 몇 배나 폭등했다. 단순한 시골 과자에 지나지 않았던 타르트 타탱의 지위가 마침내 정상에까지 오른 것이다.

이것에 대해 요리 저널리스트인 로베르 쿠르탱은 저서에 비아냥을 담아 다음과 같이 적었다.

'그런 비스트로에 가면 식사하는 손님이 타르트 타탱에 도취된 듯 소리 높여 떠드는 소리를 들을 수 있다. 한번은 다이아몬드로 요란하게 꾸민 여성이 다른 여성에게 "요즘 최고 화제인 타탱 씨는 내 지인이야."라며 우쭐대듯 이야기하는 것을 들었을 정도이다.'

그런데 애당초 소박한 시골 과자였던 타르트 타탱이 도대체 어떤 경위로 상류층을 대상으로 한 맥심의 메뉴에 오르게 된 걸까? 이에 관해서는 고급 레스토랑에 걸맞지 않게 약간 수상쩍은 설이 전해온다. 이 이야기는 맥심을 1932년에 매입한 후 오랫동안 경영에 참여했던 루이 보다브르와 관련된 것이다.

젊은 시절 루이는 수렵을 하기 위해 라모트 뵈브롱에 자주 가곤 했다. 그러던 어느 날, 그는 노년의 자매가 경영하는 아주 작은 호텔을 발견했다. 그 호텔 레스토랑의 메뉴에는 타르트 솔로뉴트라는 이름의 훌륭한 디저트가

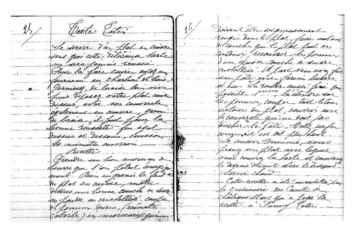

타탱자매의 친구 마리아 쇼송의 노트에서 발견된 타르트 타탱의 가장 오래된 레시피

실려 있었다. 그는 주방의 스태프에게 레시피를 가르쳐 달라고 간청했으나 그들은 완강하게 거절했다. 하지만 단념할 수 없었던 루이는 결국 정원사로 가장해서 호텔에 취직했다. 3일 후에 양배추 하나도 키울 수 없다는 사실이 드러나 해고되었지만, 루이는 그동안 주방의 비밀을 알아냈다. 그리고 파리로 돌아와 맥심에 데 드모아젤 타탱이라는 이름의 디저트를 선보였단다.

흥미로운 이야기지만 이것은 완전히 잘못된 설이다. 보다브르가 맥심을 사들인 1932년에는 타탱 자매가 이미 이 세상에 없었으므로 연대를 따져보았을 때 앞뒤가 맞지 않는다. 게다가 고급 레스토랑인 맥심의 사장이 호텔에 취직하면서까지 레시피를 훔쳤다는 건 설득력이 떨어진다. 그러니 그저 떠도는 설일 뿐이다.

어찌 되었든 타르트 타탱은 솔로뉴의 시골 마을을 뛰쳐나와 세월을 거듭

할수록 만드는 방법도 그 스타일도 세련되어졌으며 이제는 당당히 프랑스를 대표하는 과자가 되었다. 그러나 언제나 시대를 거스르는 청개구리는 있기 마련이라 타르트 타탱의 인기를 부정하는 사람들도 존재했다.

'타르트 타탱 미식애호회(La confrerie Des Lichonneux de Tarte Tatin)'는 그런 청개구리 아니, 전통을 떠받드는 완고한 사람들의 모임이다. 솔로뉴 방언으로 리쇼느(미식가)라고도 불리는 이 사람들은 전통적인 솔로뉴 농민의 옷차림인 파란색 스모크 비오드(원단의 일종)를 입고 목에는 빨간 스카프, 머리에는 검은 모자를 쓴 복장을 하고 프랑스 전역의 식품견본전시장에 나가 진짜 타르트 타탱의 선전과 보급에 힘썼다. 그들이 말하는 '진짜'란 물론 타탱 자매가 타탱 호텔에서 내놓은 타르트 타탱이며 절대로 맥심 등에서 나오는 세련되고 경박한 타르트타탱이 아니다. 이 미식가 협회(콩프레리)는 당연히 회원제인데, 라모트 뵈브롱에 살아야만 회원이 될 수 있는 것은 아닌 듯하다. 다만 회원이 되기 위해서는 엄격하게 정해진 열 가지 규칙을 총회에서 준수하겠다고 선언해야만 했다. 이 열 가지 규칙 중 몇 개를 살펴보자.

1. 그대는 타르트 타탱을 몸과 마음을 다해 사랑해야 한다.
2. 그대는 스테파니와 카롤린을 세계의 어머니로서 공경해야 한다.
5. 그대는 타르트 타탱의 품질을 보호해야 한다.
8. 그대는 라모트 뵈브롱을 중요시해야 한다.
10. 그대는 타르트 타탱에 대한 칭찬을 세계에 널리 알려야 한다.

마치 신흥종교 같지만 이만큼 강력한 신념을 갖고 전통을 지키려는 자세에는 감복할 수밖에 없다. 그러나 타르트 타탱이 파리에 소개되지 못하고 시골 과자의 지위에 머물렀다면 아마 이런 조직도 생겨나지 않았을 것이다. 이렇게 생각해보면 과자라는 자그마한 존재가 얼마나 중요한 존재로까지 발전할 수 있는지 새삼 놀라게 된다.

타르트에 관한 그다지 학술적이지 않은 고찰

타르트라는 말에 대해 살펴보자. 1694년 판 『아카데미 프랑스어 사전』에서 '타르트(Tarte)'라는 항목을 찾아보면 다음과 같은 정의가 나온다. '크림이나 콩피튀르(잼)를 채운 과자의 일종. 윗부분을 덮지 않은 것'

훨씬 예전에는 타르트를 투르트(Tourte)라고 불렸다. 앙투안 카렘의 『파티시에 피토레스크』에는 '내가 왕립도서관에 열심히 다니기 시작한 것은 18세 때이며, 나는 비비엔느 거리의 파티시에 바이이 씨의 가게의 첫 번째 투르티에였다.'라는 문장이 있다. 여기에 등장하는 투르티에란 타르트를 전문으로 만드는 스태프를 말한다. 이렇듯 투르트란 말은 타르트보다 훨씬 오래전부터 쓰였다.

투르트의 어원은 중세 라틴어의 토르타(Torta)라고 여겨진다. 토르타란 둥근 모양의 빵을 말한다. 이것이 프랑스에 들어와 투르트 또는 타르타(Tarta)가 되었으며 다시금 타르트로 정착되었다.

라틴어의 토르타는 독일어권에서는 '토르테(Torte)'가 된다. 자허 토르테

린처 토르테

의 토르테다. 토르테라고 하면 둥글고 묵직한 질감의 전형적인 독일과자 이미지이며, 예를 들어 슈바르츠밸더 키르쉬 토르테나 도보스 토르테, 훼허 토르테 등 모두 하나같이 프랑스의 타르트와는 상당히 다르게 느껴진다.

그렇다면 타르트와 토르테는 정말로 다른 것일까? 오스트리아에는 '린처 토르테'라는 고전적인 토르테가 있다. 린처라는 것은 오스트리아 남부의 마을 린츠에서 유래한 것으로 그 이름 그대로 예부터 유명한 린츠의 스페셜리티다. 린츠 지방의 사람들은 이 토르테야말로 세계에서 가장 오래된 과자라 주장한다. 최초로 기록된 린처 토르테의 레시피는 1653년의 것으로, 최근 들어서 에드몬트 수도원의 유명한 장서 속에서 발견되었다고 한다. 가장 오래되었다는 말은 조금 과장일지 모르지만 그래도 역사가 깊은 과자인 것이다.

그런데 린처 토르테의 생김새를 살펴보면 토르테라기보다는 오히려 프랑스의 타르트를 닮았다. 린처 토르테에 토르테의 옛 형태가 남겨져 있다면 원래 독일어권의 토르테도 프랑스의 타르트와 거의 구별하기 어려웠을 가능성이 높다. 생각해 보면 자허 토르테, 슈바르츠밸더 키르쉬 토르테, 도보스 토르테 모두 19세기 중반 이후 창작되었으므로 근대의 과자이다. 그러니 그 이전의 시대에는 토르테와 타르트를 명확히 구별하지 않았다는 편이 자연스러울 것이다.

중세 라틴어의 '토르타'는 여러 나라로 전해져 많은 베리에이션을 만들었다. 스페인에서는 '토르타'가 '타르타'가 되었고, 그중 타르타 데 산티아고는 아몬드가 듬뿍 들어간 반죽

타르타 데 산티아고

을 사용해 상당히 진한 맛을 낸다. 이것의 이미지도 거의 타르트에 가깝다. 순례의 성지인 산티아고 데 콤포스텔라가 있는 갈리시아 지방의 명과로, '크루즈 데 산티아고'라고 불리는 슈거 파우더로 만든 십자가가 윗면에 놓여있는 점도 독특하다.

그렇다면 영국으로 건너간 토르타는 어떻게 되었을까? 그것은 바로 '타트(Tart)'가 되었다. 타트는 철자에서 알 수 있듯이 프랑스의 타르트와 쌍둥이 형제나 마찬가지이다. 실제로 타트는 중세 프랑스어의 '타르타'에서 파생되었다고 한다.

영국의 과자 타트에 관해서는 앞부분 파이와의 관계에서 간단히 다루었기 때문에 여기에서는 되풀이하지 않겠다. 그 대신 타트라는 단어에 관한 조금 재미있는 이야기를 해보겠다.

타트라는 단어를 영어 사전에서 찾아보면 과자라는 뜻 외에 또 다른 의미가 실려 있다. '행실이 단정치 못한 여자. 매춘여성.' 이것은 물론 평소에 사용하는 단어가 아니라 이른바 속어이다. 그러나 아이들도 사랑하는 평화적이고 건전한 먹을거리에 왜 이런 의미가 포함된 걸까?

이를 해명하기 위해서는 '코크니 라이밍 슬랭(Cockney Rhyming Slang)'을 알 필요가 있다. 코크니란 런던의 서민동네에서 쓰이는 영어로 상류계급의 사람들이라면 절대 쓰지 않는 말이며 라이밍은 시 등에서 쓰이는 운을 맞춘다는 의미이다. 그리고 슬랭은 속어를 말하는데 이것을 모두 합친 전체적인 의미는 '런던의 서민동네 아이가 운을 맞춰 사용하는 속어'라 할 수 있다. 요컨대 친구들 사이에서 통용되는 은어의 일종이다.

런던의 서민동네 젊은이들은 특정 단어를 다른 의미로 바꿔 놓는 이러한 슬랭을 대화 중에 교묘하게 끼워 넣고선 자신이 얼마나 재치가 넘치는 사람인지 뽐낸다. 예를 들어 '엘리펀트 트렁크(Elephant's Trunk)'같은 말이 있다. 이는 '코끼리 코'란 의미지만 코크니 라이밍 슬랭에서는 '주정꾼'이 된다. 코를 의미하는 '트렁크'가 주정꾼을 의미하는 '드렁크(Drunk)'와 운이 맞기 때문이다. 트렁크 앞의 엘리펀트는 트렁크를 강조하기 위한 수식어이다.

그렇다면 '타트'는 어떻게 행실이 단정치 못한 여자라는 뜻이 된 걸까? 타트가 맨 처음부터 그런 의미를 지닌 건 아니었다. 원래는 자신의 연인인 '귀여운 여자아이'를 가리키는 말이었다.

영국에서는 남자가 자신의 연인을 '스위트 하트(Sweet heart)'라고 부른다. 그러나 남자 친구들과 함께 있는 상황에서 자신의 연인을 '스위트 하트'라고 부르면 친구들에게 놀림을 받을 가능성이 있다. 그래서 코크니 라이밍 슬랭으로 '스위트 하트'를 '잼 타트(Jam tart)'로 바꿔 불렀다. 물론 '하트'와 '타트'의 운을 맞춘 것이다. 게다가 스위트와 달콤한 잼을 대응시키고 있으니, 일관성도 있고 꽤 잘 만들어진 슬랭이라 할 수 있다.

그러나 문제는 남자가 자신의 연인이 청순하길 바란다는 것이다. 하지만 무척 달고 끈적끈적한 잼 어디에 보통의 연인들이 바라는 청순한 이미지가 있는가. 오히려 남자에게 착 달라붙어 유혹의 말을 던지는 여자에게 더 어울리는 말이지 않은가. 때문에 잼 타트는 언제부터인가 행실이 단정치 못한 여자를 의미하게 되었고, '잼 타트'를 줄여 말한 '타트'가 이런 의미를 갖게 된 것이다.

말이 나온 김에 타트에 얽힌 코크니 라이밍 슬랭을 하나 더 소개할까 한다. '라즈베리 타트'라 하면 무슨 의미인지 알겠는가. 라즈베리로 만든 타트? 재치 넘치는 런던 아이들이 그런 단순한 의미로 사용할 리가 없다. 그것의 정답은 '방귀'다. 방귀를 영어로 파트(Fart)라고 한다. '타트'와 '파트'. 어떤가. 운이 잘 맞지 않는가. 그렇다면 앞에 '라즈베리'를 붙인 이유는 뭘까? 단어를 발음했을 때의 소리에서 연상했다고 한다. 과연 그럴듯하다. 하지만 소리에서 연상했다면, 라즈베리가 아니라 블루베리여도 괜찮지 않을까. 또는 빌베리나 구즈베리라도….

Episode 15

비스킷
Biscuit

"그 책의 제목이 뭔가?"
돈키호테가 물었다.
"히네스 데 파사몬테의 생애라는 것입니다."
"다 완성되었소?"
돈키호테가 물었다.
"내 인생이 끝나지 않았는데, 어떻게 끝을 낼 수 있겠어요?
지금까지 쓴 것은 내가 태어나서부터 지난번에 노예선으로 끌려갔던 데까지이죠."
"그럼 전에도 노예선에 타본 적이 있다는 말이군?"
"예전에 4년간 왕과 천주님께 봉사하기 위해 탄 적이 있었죠.
그래서 비스킷의 맛과 채찍의
아픔이 어떤 건지 이미 알고 있습죠."

*

미구엘 드 세르반테스(Miguel de Cervantes Saavedra)
『돈키호테』 중에서

비스킷과 쿠키는 다른 것?

과자에 관련된 일을 하고 있으면 종종 이런 질문을 받곤 한다.

"비스킷과 쿠키의 차이점은 무엇인가요?"

나는 이런 질문을 받으면 참으로 곤혹스럽다. 왜냐하면 정확한 답이 없기 때문이다. 그래서 초반에는 막무가내로 "영국에서 비스킷이라고 불리는 것이 미국에서는 쿠키로 불립니다."라고 대답했었다. 그러나 이런 답변을 듣고 납득해 줄 유감스럽게도 거의 없었다. 대개는 "그렇다면 왜 영국에서는 비스킷, 미국에서는 쿠키라고 불리게 된 건가요? 미국을 여행한 적이 있는데 미국에도 비스킷은 있었어요."라며 나를 몰아붙였다. 그리고 '이 사람 과자 전문가라고 자처하더니만 좀 어설픈데?' 라고 의심 가득 찬 눈초리를 노골적으로 던지기도 했다. 그래서 나는 언제부턴가 그런 질문을 받으면 그냥 솔직하게 대답하곤 한다.

"영국에서 비스킷이라고 불리는 과자가 미국에서는 쿠키라고 불리는 경우가 많은데 왜 그렇게 된 건지는 알 수 없어요."

이 대답처럼 비스킷과 쿠키는 영국과 미국에서 다르게 불리나 그 이유는 정확하지 않다. 그러나 비스킷과 쿠키의 어원에 대해 집요하게 추적해보면 꽤 재미있는 사실을 알 수 있다.

'쿠키'가 미국에서 만들어진 단어임은 명백한 사실이다. 미국에서 비롯되었다는 것은 그다지 오랜 역사를 가지지 않았다는 뜻이다. 영국에서 최초의 이주민이 북아메리카 대륙으로 건너가서 살게 된 것은 17세기의 일로, 원주민이 쌓아 올린 문화를 제외하면 기껏해야 400년 정도의 역사이기 때문이다.

사실 쿠키라는 단어가 문헌자료에 처음으로 등장한 것은 1703년이라고 알려져 있다. 쿠키는 '작은 구움 과자'라는 뜻을 가진 네덜란드어 '쿠오쿼(koekje)'에서 비롯되었다. 당시 북미대륙에는 유럽 각지에서 이주민이 건너왔으며 네덜란드계 이주민도 적지 않았다. 그들은 쿠오쿼를 북미에 갖고 들어왔고 쿠오쿼는 시간이 흐르면서 네덜란드계 이외의 미국인 사이에도 널리 퍼졌다.

그런데 쿠오쿼가 어느새 조리를 의미하는 쿡(cook)이라는 영어와 결부되어 쿠키(cookie)가 되었다. 아마 당시의 미국인은 네덜란드어인 쿠오쿼와 영어의 쿡이 사실 매우 가까운 관계에 있는 단어라는 사실을 모른 채 의미와 어감의 유사성만으로 결부시켰을 것이다. 이에 관해서는 뒷부분에서 다시 다룰 생각이니 우선은 비스킷에 관해서 고찰해 보자.

새삼 말할 필요도 없지만 비스킷(Biscuit)은 영어이며 프랑스어의 '비스퀴'와 같은 스펠링이다. 그러나 알다시피 프랑스의 비스퀴는 스펀지 타입 과자의 총칭이다. 영국의 비스킷과는 상당히 다른 것이다. 그렇다면 어째서 같은 단어가 서로 다른 과자를 지칭하게 된 걸까?

이 질문에 대해 확실한 답은 알 수 없다. 다만 프랑스의 비스퀴에 원래 두 가지 의미가 있었다는 사실에서 답을 유추해 볼 뿐이다. 하나는 현재의 비스퀴에 통용되는 의미였고 또 다른 하나는 영국의 비스킷과 완전히 같은 의미였다.

프랑스에서 '비스퀴(Biscuit)'는 제누아즈 형태의
부드러운 케이크를 통칭한다

프랑스에서 1708년에 발행한 『백과
사전(Dictionnaire Universel)』에도 비
스퀴 항목에 두 가지 의미가 나란히 적
혀있다. '비스퀴 ¹: 완전히 건조한 빵. 특
히 해상에서 장기간 보존할 수 있도록
두 번 구웠기 때문에 이런 이름이 붙었
다. 스페인산 와인에 적셔 먹는다. 장기간 항해에서는 네 번 구운 것을, 단기
간 항해에서는 두 번 구운 것을 이용했다.'

'비스퀴 ²: 좋은 맛이 나는 케이크의 일종으로 상질의 밀가루와 달걀, 설
탕을 사용해서 만든다. 아니스나 레몬의 껍질을 첨가할 때도 있다. 철제 틀
에 굽거나 종이 위에 반죽을 흘려 부어 굽는다.'

이렇게 비스퀴의 의미는 두 가지였다. 그러나 중세 프랑스어에서 그 첫 번
째 의미만이 전해져 영어에서는 비스킷으로 정착했을 가능성이 크다. 그리
고 프랑스에서는 첫 번째 의미가 자취를 감추고 두 번째 의미만이 남은 것
이다. 이것은 꽤 의미심장하다. 첫 번째 정의에도 나와 있듯이 비스퀴의 본
래 어원은 Bis(두 번)+cuit(굽다), 즉 두 번 굽는 공정에서 유래했다. 이렇게
두 번 굽는 이유는 수분을 완전히 없애고 장기보존에 적합한 상태로 만들기
위해서였다. 원래 비스킷은 항해를 할 때 배 안에서 먹는 식량이었기 때문
이다. 식품의 보존기술이 발달하지 않은 시대에는, 장기보존을 위해 소금에
절이거나 건조시키는 등 극히 한정된 방법만을 쓸 수밖에 없었다. 글 앞머
리에서 인용한 돈키호테의 한 구절에도 그런 당시의 상황이 잘 나타나 있다.

영국의 극작가인 셰익스피어의 희곡 「뜻대로 하세요」의 제2막 7장에도 이런 대사가 나온다. '그 남자는 마치 항해 후에 남은 바싹 마른 비스퀴 같은 뇌 속에 기묘한 장소를 잔뜩 쑤셔 넣고, 그것을 엉망진창으로 털어놓았습니다.' 이렇듯 비스퀴라는 명칭에는 뱃사람의 보존식품이란 의미가 담겨 있었다. 따라서 스펀지 타입의 과자를 비스퀴라고 부르는 것은 어원이나 실정을 비추어 봐도 걸맞지 않은 듯 보인다.

이탈리아에는 '비스코트(Biscotto)'란 바삭바삭하게 건조한 과자가 있다. 이 명칭을 보아도 비스킷이나 비스퀴와 관계 있을 거란 예상은 누구나 쉽게 할 수 있다. 이 단어 역시 두 번 구웠다는 의미이다.

비스퀴의 본래 어원은 중세 라틴어인 'biscoctum'으로 이것이 우선 이탈리아에서 비스코트가 되었다. 뒤이어 프랑스에 전해져 비스퀴가 되었고 다시금 영국으로 건너가 비스킷이 된 것이다.

이탈리아의 비스코트도 기본적으로 항해용 보존식품이었다. 1628년 발행된 『토스카나어 사전』에서는 비스코트를 '두 번 구운 빵'이라고 정의하고 있다. 뒤이어 '비스코트를 싣지 않고 바다로 나간다'라는 관용구가 나오는데, '통찰이 부족한 행위'를 의미한다고 덧붙여져 있다. 비스코트는 보통 그냥 먹지 않고 와인이나 음료에 적셔 먹었다. 완전히 건조되어 딱딱하고 씹기 힘들기 때문이다. 앞서 인용한 프랑스의 『백과사전』에도 '스페인산 와인에 적셔 먹는다.'고 적혀 있다.

프랑스의 비스퀴가 딱딱한 보존용 빵에서 부드러운 스펀지 과자로 변한 시기는 17세기 중반으로 추정되며, 그 후에도 한동안은 두 가지 형태가 공존했을 것으로 여겨진다. 그러나 18세기에 이르러 오늘날의 '비스퀴 사부아'와 같은 비스퀴의 형태가 확립되었고 딱딱한 비스퀴는 점차 모습을 감추었다.

현재는 비스코트도 비스킷도 보존식품의 역할은 없어지고 순수하게 풍미를 즐기는 과자의 하나로서 이탈리아 과자, 영국과자의 일익을 담당하고 있다. 이제 제조과정에서 두 번 굽는 일은 없으며 간신히 그 이름 속에 옛날 모습을 간직하고 있을 뿐이다.

그러나 두 번 굽는 전통이 완전히 소멸된 것은 아니다. 독일에는 '츠비바크(Zwieback)'라는 과자가 있다. 독일어로 '츠비'는 '두 번', '바크'은 '굽다'를 의미하기 때문에 이 역시 비스코트의 훌륭한 후계자라고 할 수 있다. 다만 모양은 비스킷이나 비스코트와는 약간 다르다. 이 과자를 영국에서는 '러스크(Rusk)'라고 부른다. 츠비바크는 구워낸 빵을 얇게 썰고 표면에 아이싱을 바른 다음 다시 한 번 구워 바삭바삭하게 만든다. 역사는 짧지만 20세기에 들어서면서 공장에서 대량생산되어 널리 퍼지게 되었다.

그런데 츠비바크라는 이름은 이탈리아의 비스코트를 독일어로 직역한 것이라고 한다. 그렇다면 이 과자가 영국에서는 왜 '러스크'라고 불리게 된 것일까? 19세기 영국과 미국의 요리책에는 러스크의 레시피가 여러 차례 등장한다. 이 레시피를 보면 러스크는 달걀과 버터, 설탕을 듬뿍 사용한 가벼운 과자빵인 듯하다. 옛날 사전에도 러스크는 '보존용의 가벼운 빵'이라는 정의가 적혀 있는 경우가 많다. 단순히 굽기만 해서는 보존이 되지 않기 때문에 구워낸 다음 표면에 설탕을 넣은 우유를 바르고, 다시 오븐에 넣어 건조시켰다. 다시 말해 두 번 구운 셈이다.

어떤 영우에는 두 번 굽지 않고 그대로 디저트로 먹기도 했는데, 이는 '프레시 러스크'라고 불렀다. 이렇게 보면 과거에는 현재보다 러스크의 범주가 훨씬 넓었던 것 같다.

여기서 흥미로운 점은 당시의 러스크도 장기 항해의 보존식품으로 이용되었다는 사실이다.

미국 독립선언문의 초안 작성에 참여한 것으로 널리 알려진 벤자민 프랭클린은 정치가 뿐만 아니라 물리학자, 기상학자, 철학자로서도 출중한 인물이었다. 프랭클린이 1775년 런던에서 필라델피아까지 선박여행을 했던 일에 관해 쓴 책에는 다음과 같은 내용이 기록되어 있다.

'선박용 비스킷은 틀니로 먹기에는 너무 딱딱하다. 구우면 조금은 부드러워지긴 하겠지만 러스크 쪽이 낫다. 왜냐하면 러스크는 발효시켜 만든 양질의 빵이기 때문이다. 얇게 썰어서 다시 한 번 구우면 수분을 쉽게 흡수해서 즉시 부드러워지므로 소화가 잘되고 발효시키지 않은 비스킷보다 훨씬 건강한 음식이다.'

이렇듯 19세기 무렵까지는 러스크와 비스킷 모두 항해용 보존식품으로 여겨졌다. 다만 러스크는 비스킷보다 먹기 쉽고 영양가도 높기에 무미건조한 비스킷보다 한층 고급스러운 선내 식이었다. 그래서 보존식품의 역할을 다하고 육지로 올라온 후에도 간편하게 먹을 수 있는 과자로 남은 것이다.

덧붙여서 말하면 러스크의 어원은 스페인어 또는 포르투갈어인 로스카 (Rosca)로, 롤 모양의 빵을 말한다. 러스크가 원래 어떤 형태로 만들어졌는지 이런 단어들로부터 짐작 가능하다.

마지막으로 케이크 이야기

양과자 시간 여행을 통해 우리는 다양한 과자가 시간의 흐름 속에서 탄생하고, 때로는 풍미뿐만 아니라 모양까지 바꾸면서 현대의 명과가 된 과정을 살펴보았다.

과자뿐만 아니라 모든 것은 시간과 함께 변화한다. 그 변화의 기록이 바로 역사이다. 긴 항해를 위한 보존식품으로 쓰였던 비스킷도 그 역할이 끝나자 설탕과 유지, 달걀이 더해져 풍미가 좋고 먹기 쉬운 과자로 변모했다. 아마도 선내 식으로 이용되던 옛날 그대로의 비스킷이었다면 지금의 아이들은 아무도 손을 대지 않을 것이다.

영국을 대표하는 과자라고 하면 당연히 케이크(Cake)이다. 이 케이크 역시 시간이 흐르면서 변모한 과자 중 하나이다. 현재는 케이크가 스펀지나 크림을 듬뿍 사용한, 달고 부드러운 과자 전반을 가리키는 단어로 사용되고 있지만 본래는 훨씬 더 좁은 의미였다.

예를 들어 파운드케이크를 떠올려 보자. 밀가루, 버터, 설탕, 달걀을 각각 1파운드씩 혼합해서 만든다 하여 파운드라는 이름이 붙여진 이 과자야말로 고전적인 의미에서 영국의 대표적인 케이크이다.

영국에서 전통적인 케이크는 위에 적은 네 종류의 재료를 기본으로 한데 반죽하여 만드는, 생과자와 건과자의 중간에 위치한 구움 과자다. 케이크는 이 기본 반죽에 말린 과일, 시나먼, 넛메그, 향신료, 아몬드 등의 부재료를 더해 다양한 조합을 만들어 낸다. 틀도 파운드 틀이라고 불리는 사각형 틀을 비롯해 원형 틀, 타원형 틀 등이 있어서 모양도 여러 가지다. 영국

케이크를 한 그루의 나무로 치자면, 파운드케이크라는 굵은 줄기에서, 댄디 케이크, 심넬 케이크, 플럼 케이크, 마데라 케이크 등 여러 갈래의 가지가 뻗어났다고 할 수 있다.

프랑스에서도 카트르 카르(Quatre-Quart=4분의 4)라는 과자가 있는데, 이름에서 알 수 있듯이 영국의 파운드케이크를 모방한 것이다. 프랑스의 케이크는 거의 예외 없이 영국에서 전해졌으며 명칭도 케크 오랑주(Cake orange) 등 발음은 약간 다르지만, 스펠링은 영어 그대로인 경우가 대부분이다.

개중에는 가토 위크엔드와 같이 재료와 모양은 영국의 파운드케이크 그대로이고 거기에 프랑스의 에스프리(정신)라고도 할 수 있는 에센스를 담은 명과도 있다. 이 과자의 이름에도 아무렇지 않게 영어를 사용하고 있는 점에 주목하길 바란다.

(좌) 모든 재료를 1파운드씩 넣고 만든다하여 이름 붙은 파운드 케이크 (우) 심넬 케이크. 영국왕 헨리 7세의 요리사가 개발한 케이크로 주로 사순절과 부활절에 만들어 먹는다

영국의 케이크는 미국으로 건너가 그 인기가 급부상했다. 그때까지 영국 과자의 한 종류에 지나지 않았던 케이크가 미국을 통해 세계로 퍼져 나가 과자의 우두머리로 군림하기 시작한 것이다.

엔젤 케이크나 시폰 케이크 등에는 그런대로 영국풍 케이크의 모습이 남아있다고 할 수 있으나 치즈 케이크, 마요네즈 케이크, 끝내는 아이스크림 케이크까지 등장했다. 아마도 위엄이 있는 영국인이라면 이런 추세에 틀림 없이 눈살을 찌푸렸을 것이다. 그러나 이제 세간에서는 '케이크'라고 하면 이러한 케이크를 가리킨다.

미국에서 발명되어 지금은 세계 표준의 단어가 된 쿠키에 대해서는 앞서도 이야기했다. 이 쿠키의 기원이 된 네덜란드어 쿠오쾌라는 단어는 사실 케이크와도 큰 관련이 있다. 케이크의 어원은 고대 노르드어인 '카카(Kaka)'라고 알려져 있는데, 이것이 중세 네덜란드어에서 과자를 의미하는 '쿠크(Koek)'가 되었으며 영국에서는 케이크, 독일에서는 쿠헨(Kuchen)이 되었다고 한다. 네덜란드어의 쿠크는 물론 쿠오쾌와 같은 종류의 단어로, 독일어의 코헨(Kochen: 조리하다)이나 영어의 쿡(Cook)과도 관련되어 있다. 그러므로 미국의 쿠키는 단순히 소리를 빌려 쓴 것이 아니라 어원적으로도 실로 유서 깊은 이름인 셈이다. 그럼 이쯤에서 미국의 케이크에 얽힌 에피소드를 하나 소개하겠다.

혹시 '케이크워크'를 알고 있는가? 이것은 백 년 전에 유행한 댄스의 일종이다. 남녀가 한 쌍이 되어 2박자의 경쾌한 음악에 맞춰 리드미컬한 스텝을 밟는 것으로, 20세기 초반 화려한 도시 파리에서 크게 유행했었다. 발(Bal)

이라고 불린 댄스홀에 수많은 남녀가 모여 밤마다 케이크워크를 추며 흥겨워했었다. 그 시대에 케이크워크 붐은 일종의 사회현상이 되었으며 작가나 화가, 음악가들은 빠짐없이 이를 소재로 한 작품을 발표했었다. 그중에서도 인상파 작곡가 드뷔시가 유명했다. 그는 '어린이의 세계'라는 모음곡에 '골리워그의 케이크워크'라는 곡을 제6곡으로 수록하였으며, 이 댄스를 모티프로 한 여러 작품을 남겼다.

본래 케이크워크는 흑인들의 문화였다. 흑인들이 많이 살던 파리 지역에서 그들끼리 추던 춤이었으나 백인의 주목을 받으면서 이윽고 아폴리네르, 피카소, 드뷔시 등 동시대의 예술가들도 케이크워크 붐에 참여해 단번에 유행의 꽃을 피운 것이다.

이것의 기원을 더듬어 올라가 보면, 파리에서 멀리 떨어진 19세기 말 미국 남부에 다다르게 된다. 남북전쟁이 끝난 후에도 미국 남부에서 흑인의 지위는 변함없이 낮았고, 노예 시절과 크게 달라지지 않은 생활을 강요받았다. 흑인들은 아침 일찍부터 해가 질 때까지 백인 경영자 밑에서 남녀 모두 저임금의 가혹한 노동에 시달리며 가축과 다름없는 나날을 보냈다.

그런 그들의 유일한 낙은 휴식시간을 이용해서 펼치는 노래와 춤이었다. 고된 노동 사이의 아주 짧은 시간이지만, 강렬한 리듬에 몸을 맡김으로써 심신의 피로를 풀 수 있었던 것이다. 흑인 노동자들이 특히 좋아했던 것이 초크라인워크라고 불리던 춤이었다. 마루 위에 분필로 선을 긋고 그 선을 따라 춤을 췄기 때문에 이런 이름이 붙은 것이다.

백인 경영자들은 가혹한 노동으로 흑인들의 불만이 폭발하지 않을까 늘

걱정했다. 그런데 골머리를 앓던 경영자들은 흑인 노동자들이 즐겨 추는 초크라인워크에 주목하게 되었다. 춤이 흑인 노동자들의 마음을 누그러뜨리는 효과가 있다는 걸 발견한 후 백인 경영자들은 한 가지 기획을 내놓았다. 그것은 휴일에 초크라인워크 경연대회를 열고 우승자에게는 상품을 제공하는 것이었다. 흑인들은 물론 이 기획에 이의를 제기하지 않았고, 좋아하는 춤을 맘껏 즐길 수 있는 데다가 상품까지 받을 수 있었기에 흔쾌히 참여했다.

그때 경영자들이 선택한 상품이 거대한 '호 케이크(Hoe cake)'였다. 여

(좌) 케이크워크를 즐기는 흑인과 백인 커플. 당시 파리에서는 이러한 조합을 자주 볼 수 있었다고 한다 (우) 오두막에서 쉬어서 굳은 우유와 호 케이크를 먹고 있는 흑인 가족. (제작년도, 작가 미상) 호 케이크는 납작한 호떡처럼 생겼다

기서 '호'란 농사일에 쓰이는 괭이를 뜻한다. 흑인 노동자들은 종종 괭이의 날 부분을 사용해서 옥수수 케이크를 굽곤 했기에 이것을 '호 케이크'라 불렀다.

이렇게 초크라인워크 경연대회는 큰 호응을 얻으며 몇 번이나 되풀이해서 개최되었고, 초크라인워크도 대회 상품의 이름을 따서 어느 사이엔지 케이크워크라 불리게 되었다. 그런데 이 케이크워크가 바다 건너 파리의 흑인들 사이에서도 유행했고, 파리 시민 전체가 즐기는 춤이 된 것이다. 파리는 지금도 독특한 흑인문화를 지닌 도시로 알려져 있는데 그 발단은 케이크워크에 있다고 한다.

한편, 케이크워크는 미국 내에서 남부를 거점으로 독자적인 발전을 이루었다. 그리고 후에 음악의 큰 물결이 되는 새로운 장르의 주춧돌 역할을 했다. 그 새로운 음악이 바로 재즈이다.

이렇게 보면 케이크라는 사소한 것이 사람들의 마음속에 스며들어 새로운 문화를 창조했다는 점이 참으로 신기하다.

지난 양과자를 둘러싼 시간 여행을 돌이켜보면 어떤 과자든 각각의 유래가 있고 역사가 있다는 사실에 새삼 감동한다. 어쩌면 당연한 일일지 모르지만 축적된 역사의 층위마다 희비가 엇갈리는 우리의 인생도 함께하고 있다. 우리는 그 사실을 겸허히 받아들이고 잊어서는 안 된다. 그것이 '과자의 문화'와 관계되는 일을 하는 우리의 책임일 것이다.

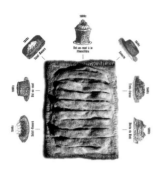

과자의 원형을 찾아 떠나는

양과자 시간여행

저　　자　｜　나가오 켄지
발 행 인　｜　장상원
편 집 인　｜　이명원

초판 1쇄　｜　2016년 12월 1일
발　　행　｜　2016년 12월 1일

발 행 처　｜　(주)비앤씨월드 출판등록 1994. 1. 21. 제16-818호
　　　　　　주소 서울특별시 강남구 청담동 40-19 서원빌딩 3층
　　　　　　전화 (02)547-5233 팩스 (02)549-5235

디 자 인　｜　박갑경

I S B N　｜　979-11-86519-11-0 93590

이 도서의 국립중앙도서관 출판예정도서목록(CIP)은 서지정보유통지원시스템
홈페이지(http://seoji.nl.go.kr)와 국가자료공동목록시스템(http://www.nl.go.kr/kolisnet)에서
이용하실 수 있습니다. (CIP제어번호 : CIP2016027511)